DE **L'INFLUENCE** DE **L'ÉLECTRICITÉ** SUR LA **VÉGÉTATION**

FRÈRE PAULIN

Collection *Électroculture*

– *Electroculture*, Justin Christofleau (1925)
(éditions en français et en anglais)

– *Electroculture, the Application of Electricity to Seeds in Vegetable Growing*, Alexander Carr Bennett (1921)

– *Electricity in Agriculture and Horticulture*, Prof. Selim Lemström (1904)

– *Essais d'électroculture - Œuvres complètes*, Fernand Basty

– *De l'Influence de l'électricité sur la végétation*, Frère Paulin (1892)

www.electroculture-books.com

Talma Studios
60, rue Alexandre-Dumas
75011 Paris – France
www.talmastudios.com
info@talmastudios.com

Image de couverture : © Stocksnapper | Dreamstime.com

ISBN : 979-10-96132-23-2
EAN : 9791096132232

DE L'INFLUENCE DE L'ÉLECTRICITÉ SUR LA VÉGÉTATION

FRÈRE PAULIN

1892

TABLE DES MATIÈRES

AVANT-PROPOS   8

I. HISTOIRE DU GÉOMAGNÉTIFÈRE   10

II. EFFETS DE L'ÉLECTRICITÉ SUR LA GERMINATION   18

III. THÉORIE DU GÉOMAGNÉTIFÈRE   55

IV. DESCRIPTION DU GÉOMAGNÉTIFÈRE   68

V. CONCLUSION   87

INTRODUCTION

Frère Paulin s'inscrit dans la tradition de l'électroculture française, initiée notamment par les abbés Nollet et Bertholon au XVIIIe siècle. Tandis qu'il est le directeur de l'école publique congréganiste de Montbrison, commune de la Loire considérée comme la capitale historique du Forez, il perfectionne et simplifie les systèmes d'électroculture de ses prédécesseurs.

Malgré le scepticisme auquel il doit faire face, il réussit à convaincre un agriculteur d'effectuer des essais en plein champ. *De l'Influence de l'électricité sur la végétation* est le récit de ces expériences et de leurs résultats, et décrit en détail son procédé, afin qu'il puisse être reproduit.

La première édition de ce livre paraît en 1890 ; Frère Paulin en publie une seconde en 1892, dans laquelle il ajoute les résultats d'autres expériences et analyses qu'il fit par la suite. C'est cette édition que nous publions dans son intégralité, alors qu'elle avait (quasiment) disparu.

Frère Paulin poursuit sa relation personnelle avec, d'une part, l'agriculture, car il dirigera l'Institut agricole de Beauvais, à l'époque géré par les Frères des écoles chrétiennes, et, d'autre part, l'électricité, en faisant installer une centrale électrique dans un moulin en 1896, soit quinze ans avant l'électrification de la ville de Beauvais[1].

Son œuvre contribua au développement de l'électroculture au siècle suivant, en inspirant des chercheurs et des inventeurs tels que Fernand Basty et Justin Christofleau, dont nous avons republié les travaux dans notre collection *Électroculture* (www.electroculture-books.com).

Nous sommes en effet convaincus que l'électroculture est une solution pour une agriculture respectueuse de son environnement nous offrant alimentation saine, santé et longévité.

Nous vous souhaitons donc bonne lecture de *De l'Influence de l'électricité sur la végétation* !

Patrick Pasin
Éditeur

---

1. Source : www.unilasalle.fr.

Perche haute, hors de terre, 12^m,50.
AC, AE, conducteurs principaux, longueur 25^m.
AB, AF, CD, conducteurs secondaires, long^r 25^m.
GH, distance entre chaque fil de fer, 2^m.

AVANT-PROPOS

C'est par des faits publiquement constatés que nous venons aujourd'hui affirmer l'influence de l'électricité sur la végétation, et indiquer les moyens d'utiliser cet agent dans l'agriculture.

Souvent niée et affirmée successivement, ou simultanément, cette influence de l'électricité vient enfin d'être mise en évidence par des expériences décisives.

En 1890, dans une première édition de ce travail, nous disions : « Nous tenons, dès l'abord, à déclarer que les idées émises ici, ainsi que la plupart des expériences citées, ne sont pas notre fait. Le mérite en revient surtout à M. Beckeinstener, physicien amateur de Lyon, et à M. le docteur Frestier, médecin dans la même ville, et actuellement à Saint-Étienne.

« Jusqu'ici, nous n'avons été qu'un partisan convaincu de ces idées, et aujourd'hui nous voudrions en être le propagateur.

« Nous voudrions persuader tous ceux qui s'occupent d'agriculture et en particulier de viticulture, du grand parti que l'on peut tirer de l'électricité atmosphérique pour augmenter considérablement la production végétale. »

Nous avons le bonheur d'ajouter, à deux ans d'intervalle, qu'un grand pas a été fait depuis ; nous avons pu enfin convaincre bien des incrédules par des expériences personnelles, publiques, dont les résultats ont été constatés officiellement. Nos essais ont même été récompensés au comice agricole de Bellegarde, le 27 septembre 1891.

Nous avions obtenu clans un champ de pomme de terre des tiges de 1,60 m, alors que les voisines n'avaient que 0,50 m. Les tubercules étaient en rapport avec les tiges : la différence par pied était de 419 grammes en faveur de la partie électrisée.

En opérant, au mois d'août seulement, sur une vigne magnifique, nous avons obtenu une maturité plus avancée, et un moût accusant 2° 2/5 de plus en sucre dans la partie influencée que dans la partie voisine.

Nous laisserons, pour un instant, le récit détaillé de ces expériences et de leurs résultats, et nous présenterons l'historique du géomagnétifère, appareil que nous avons vulgarisés.

Nous parlerons successivement et rapidement de l'abbé Bertholon. Nous verrons les travaux de M. Beckeinstener, répétés depuis, et par nous, et par plusieurs de nos élèves et de nos amis ; les intéressantes expériences de M. le docteur Frestier, puis les nôtres ; nous aborderons ensuite la discussion de la partie théorique de notre sujet, et nous terminerons par la description du géomagnétifère, tel que nous l'avons modifié dans sa construction et dans ses applications.

I.

HISTOIRE DU GÉOMAGNÉTIFÈRE

L'abbé Pierre-Nicolas Bertholon, né à Lyon, est décédé en cette ville en 1799. Parmi les nombreuses publications de l'abbé Bertholon, nous avons retrouvé, à la bibliothèque municipale de Lyon, deux ouvrages ayant rapport à notre appareil.

L'un a pour titre : *De l'électricité des météores*, édité chez Bernuset, rue Mercière, Lyon, 1787 (n° 12.230 du catalogue de la bibliothèque municipale de Lyon). L'autre (n° 12.231), par son titre, nous fera connaître cet auteur :

DE L'ÉLECTRICITÉ DES VÉGÉTAUX.

Ouvrage dans lequel on traite de l'électricité de l'atmosphère sur les plantes, de ses effets sur l'économie des végétaux, de leurs vertus médico et nutritivo-électriques, et principalement des moyens pratiques de l'appliquer utilement à l'agriculture, avec l'intention, d'un électro-végétomètre. Paris, 1783, chez Didot jeune, par M. Bertholon de Saint-Lazare, professeur de physique expérimentale des États généraux de la province de Languedoc ; des Académies Royales des sciences de Montpellier,

Béziers, Lyon, Marseille, Nîmes, Dijon, Rouen, Toulouse, Bordeaux, Villefranche, Rome, Madrid, Hesse-Hambourg, etc., etc. »

L'abbé Bertholon a publié aussi de nombreuses observations électriques dans *Le Mercure de France*, en 1774.

M. Beckeinstener était un négociant en fourrures, habitant Lyon ; son négoce ne l'empêchait pas de se livrer par goût à l'étude des phénomènes électriques, soit au point de vue médicinal, soit au point de vue de la végétation, soit à d'autres points de vue pratiques.

C'était un savant, un travailleur. Emporté par les splendeurs des nouveaux horizons qu'il voyait s'ouvrir devant lui, il n'a pu se borner à poursuivre un seul but, et à profiter enfin du fruit de tant de travaux.

Ses expériences de laboratoire furent nombreuses, surtout sur la germination des graines, il essaya d'appliquer l'électricité statique, produite par les machines, à la végétation restreinte dans des vases, puis enfin il en vint au géomagnétifère.

M. Beckeinstener a publié des études sur l'électricité (Baillière, rue de l'École de Médecine, Paris, 1859).

Dans ce travail, M. Beckeinstener cite les ouvrages et les auteurs qui ont traité avant lui la question qui nous intéresse ; mais si nous trouvons l'abbé

Bertholon dans cette énumération, nous n'y voyons pas figurer les deux ouvrages indiqués ci-dessus, et qui seuls traitent de l'électricité dans la végétation. Nous verrons, dans la suite de ce travail, que les idées de M. Beckeinstener, les nôtres aussi, se retrouvent à peu près toutes dans l'abbé Bertholon. L'électro-végétomètre est un géomagnétifère compliqué et nullement pratique, mais ils descendent tous les deux du paratonnerre de Franklin.

M. Beckeinstener a-t-il connu ces ouvrages de l'abbé Bertholon ? Nous l'ignorons.

Nous-même venions de terminer ce travail, lorsque, le 22 de ce mois seulement, nous avons retrouvé les ouvrages de l'abbé Bertholon.

Nous avions connu M. Beckeinstener ; il nous avait parlé de ses expériences et des résultats qu'il voyait possibles ; il nous engageait, dans notre sphère d'action, à répandre ses idées ; nous en avons parlé à bien des gens, à bien des vignerons pendant dix-sept ans passés en plein pays vigneron ; mais nous n'avons pas trouvé d'écho.

On nous disait volontiers : *Vous devez avoir raison, ce procédé doit être bon*, et c'était tout.

Nos occupations, comme professeur, étaient trop absorbantes, pour qu'il nous fût possible de nous occuper directement d'expériences électriques sur le terrain ; l'établissement que nous habitions n'ayant pas de jardin, nous nous bornions à répéter des expériences de laboratoire.

M. le docteur Frestier, de Lyon, aujourd'hui à Saint-Étienne, avait été l'ami de M. Beckeinstener. Médecin homéopathe et électricien, possesseur d'un journal *Le Lyon électrique*, M. Frestier pouvait répandre l'idée du géomagnétifère ; il le fit, mais sans succès pratique.

La question est restée ainsi pendant vingt-cinq ans, sans avancer d'un pas.

En 1888, M. le docteur Frestier vint habiter Saint-Étienne ; nous étions nous-même à Montbrison depuis quelques années. Ce rapprochement d'habitation renoua nos relations et nous ramena à la question du géomagnétifère.

L'année suivante, en 1889, nous trouvant à la réunion générale de la Société d'histoire naturelle de Saône-et-Loire, à Châlons-sur-Saône, nous voulûmes présenter à notre ancienne société, quelque idée nouvelle, afin de fêter, selon notre pouvoir, le ruban de la légion d'honneur que venait de recevoir l'éminent naturaliste, président de la société, le docteur de Montessus, notre ancien chirurgien major de l'ambulance volante châlonnaise en 1870.

Notre auditoire parut au moins fort étonné des idées nouvelles que nous exposions ; plusieurs grands viticulteurs nous assurèrent qu'ils allaient tout de suite essayer...

Personne n'a rien fait !

En 1890, nous trouvant en voyage avec M. le docteur Paul Dulac, aujourd'hui maire de Montbrison, nous lui avons exposé nos idées sur l'électricité.

M. Dulac nous engagea vivement à publier, dans le journal de Montbrison, ce que nous venions de lui exposer. Quelques jours après, la feuille montbrisonnaise livrait au public une série d'articles qui devinrent la première édition de notre brochure. Répandue parmi nos connaissances, elle nous fut bientôt demandée de toutes les extrémités de la France, et même plusieurs fois de l'étranger.

Nous ignorons quel résultat cette brochure a produit un peu partout ; il ne nous est rien parvenu à ce sujet, sinon des journaux, qui ont publié des fragments plus ou moins longs de cet opuscule.

Notre but n'était donc pas atteint ; nous étions écouté, approuvé, lorsque nous disions : *Essayez le procédé*, mais on continuait comme avant.

Notre parole ne pouvant convaincre, il fallait prendre un autre moyen.

Nous nous rappelions Franklin disant : *Mettez du plâtre*. On l'écoutait, mais sans agir, il fallut l'évidence de son champ de luzerne redisant en lettres plus vertes et plus hautes que les plantes voisines : *Ceci a été plâtré*, pour vaincre la *jeune routine* du Nouveau Monde. Nous nous sommes dit, nous aussi : Puisque nous ne pouvons convaincre par nos paroles, il faut obliger à croire par les faits.

Passant des paroles à l'action, nous avons réuni les

diverses pièces nécessaires à un géomagnétifère et nous avons cherché un agriculteur qui voulût bien se prêter à l'expérience.

Enfin, en l'année 1891, nous avons rencontré en M. Bouchet, propriétaire-fermier à Merlieu, et maire de la commune de Savigneux limitrophe de Montbrison, un homme assez ami du progrès pour nous laisser tenter une expérience publique du procédé que nous voulions vulgariser.

C'était au mois d'avril ; après avoir visité diverses terres, nous avons fait choix, séance tenante, d'une terre plantée en pommes de terre depuis trois semaines. Placé au bord de la route de Lyon à Montbrison, ce champ d'expérience était bien situé pour être vu et attirer l'attention des nombreux passants, qui se rendent par cette route aux marchés de Montbrison.

Cette perche isolée, avec ses pointes en balai, a fait faire bien des réflexions, souvent peu flatteuses pour M. Bouchet et pour nous. Nous avons laissé dire. Les rleurs ont changé de côté, lorsque les tiges magnifiques, d'une hauteur triple des voisines disaient à leur manière : *Nous sommes électrisées*. Nous reviendrons tout à l'heure sur les résultats déjà cités de cette expérience. Au mois d'août dernier, nous avons placé un autre appareil dans la propriété de M. le vicomte de Meaux, à Écotay, dans une vigne magnifique, et là, nous avons obtenu des effets surprenants de l'influence de l'électricité. Nous en parlerons aussi plus loin.

Au comice agricole de Bellegarde (Loire), 27 septembre 1891, nous avons exposé un appareil réduit, et les fruits obtenus dans le champ de Merlieu.

De plus, nous avons eu l'honneur d'expliquer le géomagnétifère et sa théorie devant les autorités du département et de nombreux auditeurs.

La médaille de vermeil, grand module, offerte par le Conseil général de la Loire, nous fut décernée ; et nos encouragements nous furent donnés par les représentants autorisés du gouvernement, par les sénateurs, les députés, par M. du Chevalard, président de la société d'agriculture, et par bien d'autres personnes présentes au comice.

Depuis cette époque, nous sommes tous les jours accablé de nombreuses demandes d'appareils et de renseignements.

La publication de cette deuxième édition en a même été retardée. Nous avons hâte de la faire paraître, afin qu'elle-même réponde à toutes les demandes. Durant le cours de l'année 1891, M. le docteur Frestier a fait une conférence à Saint-Étienne sur l'électricité dans l'agriculture. Cette conférence a été publiée par la société d'horticulture de la Loire, dans son numéro de novembre dernier. M. Frestier a bien voulu y faire connaître le résultat de nos expériences de 1891.

Nous avons trop longtemps retenu nos lecteurs sur l'historique du géomagnétifère, mais on nous a si souvent demandé comment nous étions arrivé à nous en occuper, que nous avons cru utile de donner ici ces indications.

II.

EFFETS DE L'ÉLECTRICITÉ SUR LA GERMINATION

De nos jours, les travaux des savants se sont surtout portés sur la construction de machines productives de l'électricité dynamique, et on a abandonné, sans chercher à l'utiliser, l'immense quantité d'électricité statique qui nous entoure, et dont il est cependant facile d'utiliser la présence.

C'est de cette dernière électricité que nous allons surtout nous occuper.

L'influence de l'électricité sur la germination est un fait acquis mais trop peu connu ; aussi, nous nous permettrons de citer de nombreuses expériences à l'appui de notre thèse.

Remarquons d'abord que les graines sont, en général, de mauvais conducteurs de l'électricité ; mais, en les humectant, on en fait d'excellents conducteurs. De tous les liquides essayés, le purin, étendu de deux fois son volume d'eau, a donné les meilleurs résultats. Prenons des graines quelconques ; divisons-les en quatre parts.

La première part sera semée sans aucune préparation ;

La deuxième sera électrisée sèche ;

La troisième sera électrisée humide, mais pendant peu de temps ;

La quatrième sera électrisée humide et longtemps.

Voici les résultats que nous obtiendrons :

Point de différence entre les deux premières parts.

Les graines de la troisième germeront plus nombreuses que celles des deux premières, un tiers en plus environ.

Celles de la quatrième seront encore plus nombreuses et leur germination sera accélérée.

Ces quatre expériences ayant été faites à dix jours d'intervalle, les plantes produites par les dernières semences ont dépassé rapidement, en activité végétative, les premières, malgré leurs trente jours de retard.

Mais comment électriser les graines ? Et pendant combien de temps ?

Pour les électriser, on les place dans des vases en verre, des bonbonnes, par exemple. L'extérieur du vase est recouvert de feuilles d'étain, et le bouchon de liège qui les ferme est traversé par un fort fil de cuivre, qui descend dans les graines, et qui communique extérieurement avec une machine électrique ordinaire à plateau de verre, ou une machine de de Holtz ou de Bertsch, peu importe.

En résumé, on construit une bouteille de Leyde, dont l'armature intérieure est formée par les graines.

Il faut électriser d'heure en heure, et chaque fois,

jusqu'à ce qu'un sifflement caractéristique révèle la saturation électrique.

Pour les menues graines : raves, épinards, salades, etc., il suffit d'électriser les verres pendant un jour, c'est-à-dire douze fois.

Pour les céréales, il faut deux jours, et pour les graines d'arbres fruitiers et forestiers, de trois à huit jours.

Il est important de semer les graines tout de suite après leur électrisation, sans les laisser sécher.

Par ce procédé, on a fait germer des graines d'arbres dont la récolte datait de vingt ans, alors qu'aucune d'elles n'avait levé par les soins ordinaires.

Cette méthode demande la possession d'une machine électrique ; or, cet appareil est peu coûteux relativement ; puis il est facile, par commune ou autrement, de se syndiquer pour posséder en commun cet appareil.

Je citerai un autre genre d'expérience.

Prenant des graines variées d'arbres, datant de vingt ans, on les a divisées en trois séries.

La première série fut semée en pleine terre, sans aucune préparation ;

Les graines de la deuxième série furent électrisées pendant deux jours avant d'être semées dans une terrine contenant la même terre que la première ;

Enfin celles de la troisième furent semées aussi dans une terrine, sans préparation ; mais ensuite, la terre de cette dernière terrine fut électrisée, une heure par jour, pendant quinze jours consécutifs. L'humidité avait été entretenue égale sur les trois séries.

La première et la deuxième séries n'ont donné aucun signe de végétation, et après cinq mois d'attente inutile, on trouva les graines pourries.

Celles de la troisième série ont germé au bout de quinze jours. Les premières plantes qui ont germé sont l'acacia triocantos, puis le genêt d'Espagne, le pin maritime, le baguenaudier et enfin le saphora japonica.

Ces plantes furent de la plus belle venue.

Le haricot commun et le haricot d'Espagne, datant aussi de vingt ans, furent rebelles à tous soins : ils ne germèrent pas. Parmi les plantes levées depuis trois semaines, deux (saphora japonica) semblaient malades ; elles se fanaient et tombaient à terre ; ces deux plantes étaient en des vases séparé. L'un fut électrisé : deux heures après, la plante avait repris sa vigueur, tandis que l'autre périssait, malgré l'arrosage prodigué à toutes deux.

Les noyaux de datte ne germent généralement pas dans nos contrées ; électrisés, ils germent facilement, même à Saint-Étienne, où la vigne ne produit pas.

Autre expérience encore : en soumettant des plantes à l'action du courant produit par une simple machine à plateau, les vases étant isolés, et le courant conduit dans les vases, on voit augmenter l'action végétative, en la comparant à celle d'un vase semblable non électrisé.

Ajoutons, en passant, que l'électricité dynamique substituée à l'électricité statique, dans toutes ces expériences, a donné quelques résultats, mais bien inférieurs à ceux donnés par l'électricité statique.

Avec les piles Leclanché, ou autres courants faibles, mais continus, on a obtenu quelques résultats, que l'on publie bien timidement.

L'un de nos élèves, M. Célestin Mallet, à Noirétable (Loire), se servant d'une pile, a électrisé des graines de betterave : celles-ci ont germé plus nombreuses que les non électrisées.

M. Ferdinand Delétrez, à Orchies (Nord), s'occupe spécialement de la reproduction des graines de betterave à sucre. Cet agriculteur émérite a pris un brevet S. G. D. G. pour l'application de l'électricité à la production de la graine, et voici ce qu'il écrit :

« Tous les producteurs de graines de betterave qui s'occupent de son amélioration pour la production du sucre, ont éprouvé la pénible impression de voir que, malgré tous les soins apportés à faire la sélection des mères à graines, ils n'obtenaient qu'une descendance ne représentant leurs auteurs que dans une faible proportion. Frappé de ces inconvénients, j'ai étudié les résultats qu'on pouvait obtenir par la plantation des yeux détachés du collet de betteraves choisies, et j'ai reconnu que les graines qui en étaient issues, venant de gros ou de petits glomérules produisaient également des racines ayant entre elles des dissemblances dans leur teneur en sucre ; que, de plus, elles présentaient des signes d'atrophie, qui certainement ne pourraient que se développer chez les générations suivantes : persuadé que la consanguinité n'était pas la cause de la non conformité, puisque c'est avec son concours que l'on crée les races nouvelles, comprenant que, pour produire un être bien conformé, on ne peut pas impunément se servir d'un reproducteur mutilé, j'ai pensé qu'au lieu de chercher à soumettre la nature, il valait mieux lui apporter un secours en conformité de ses intentions.

« J'ai reconnu que, pour la betterave, la fécondation imparfaite était la cause principale, peut-être la seule, de la non conformité dans la descendance ; c'est, du reste, un fait connu depuis longtemps que tous les êtres issus d'une fécondation imparfaite ont des défauts de conformité: l'on sait également que les organes reproducteurs internes, doués de plus de sensibilité, sont aussi plus sujets aux défauts de conformation, manquent souvent de la vigueur nécessaire pour remplir leur mission, et mes observations me font penser que cet accident est plus commun chez la plante hermaphrodite que chez les autres, car on peut remarquer que la betterave produit une quantité de pollen très supérieure à celle nécessaire à sa fécondation.

« Dans les deux règnes, animal et végétal, la grande loi de reproduction ne s'accomplit pas sans la production des phénomènes de l'électricité, et en étudiant ses effets sur les racines mères à graines, j'ai reconnu qu'elles étaient favorablement influencées par un courant électrique ; qu'en les y soumettant au moment où elles ont acquis le commencement du développement de force qui leur est nécessaire, leur énergie vitale augmente, leurs organes sont excités, leur stigmate se développe, et qu'ainsi favorablement influencées, elles sont plus aptes à produire une génération possédant les qualités qui avaient déterminé leur choix en vue de répondre aux besoins de l'industrie. »

M. Delétrez m'écrit encore : « Votre appareil sera employé préférablement à la pile la plus économique, dont un des inconvénients est de développer la végétation au pôle négatif, avec beaucoup plus de force qu'au pole positif, ce qui est une cause d'irrégularité de maturité, défaut capital en matière de betterave à sucre. »

Il y a plus d'un siècle, l'abbé Bertholon écrivait déjà : « L'électricité accélère la germination animale, comme celle qui est végétale, et l'influence est égale pour tous les êtres organisés, à quelque règne qu'ils appartiennent » (page 146).

L'abbé Nollet (1700-1770) dans ses *Recherches sur l'électricité*, émettait déjà des idées semblables.

Jallabert, de Genève, (1712-1768) électrisait des graines de moutarde et de cresson.

L'abbé Bertholon cite aussi des expériences sur la germination.

Ce que nous avons examiné jusqu'à présent n'est qu'un petit côté de la question qui nous occupe ; nous avons cependant prouvé, croyons-nous, l'influence de l'électricité sur la végétation, ou du moins sur la germination.

Partant de ce résultat, on a voulu prouver que l'électricité favorise aussi la nutrition des plantes.

M. le baron Thénard, à la Ferté-sur-Grosne (Saône-et-Loire), a, croyons-nous, fait des essais dans ce but.

De forts courants électriques, produits par les machines dynamos, ont été lancés au milieu des blés, mais ce procédé coûteux et peu pratique n'aurait donné que des résultats peu satisfaisants.

M. Mallet a voulu imiter le procédé russe, préconisé par plusieurs journaux scientifiques.

Il a placé dans un champ de betteraves, semé avec la graine électrisée, une plaque de zinc et une de cuivre d'environ 0,50 m de côté chacune ; ces plaques placées en terre, vis-à-vis l'une de l'autre, étaient enfoncées d'environ 0,10 m et reliées entre elles par deux fils souterrains.

La végétation placée sous cette influence était plus belle que la voisine ; mais cependant la différence n'était pas sensible, au point que l'on ne pût l'attribuer à une autre cause, nous dit-il lui-même.

M. Delétrez a procédé autrement et voici ce qu'il nous écrit : « Après avoir planté mes betteraves en terre, quand elles ont commencé à pousser, j'ai, pour une première, enfoncé en terre de chaque côté, une feuillette de zinc, une de cuivre de 0,10 m de largeur et sur 0,20 de profondeur, en faisant pénétrer, dans la chair de la betterave, un fil de zinc partant de la feuillette de zinc ; un fil de cuivre partant du cuivre.

« Pour une seconde plante, je me suis servi d'une chaîne d'environ 1 mètre de longueur, formée avec des anneaux zinc, cuivre, mettant en contact direct les pôles avec la plante. Cette chaîne était recouverte par la terre.

« Pour une troisième, j'ai employé la pile Leclanché, mettant également les pôles en contact direct avec la betterave.

« Enfin, j'ai une quatrième expérience en cours : c'est une betterave plantée dans un pot, posé sur un isolateur, avec chaîne zinc et cuivre mise en terre et les pôles appliqués sur le corps de la betterave.

« Chacune de ces expériences me donne une végétation que je n'aurais pas atteinte autrement ; reste à savoir si la fécondation des fleurs, dont le défaut, pour moi, est la cause de la dégénération de la descendance, se trouvera améliorée, comme je l'espère.

« Dans les conditions actuelles, en plantant une betterave contenant 20 % de sucre, on récolte des graines qui, semées dans la même terre, produisent des betteraves à 12, 15 et jusqu'à 20 %, mais rarement à cette dernière teneur, et seulement dans une faible proportion. Si l'électricité pouvait nous en rapprocher, ce serait un immense progrès. »

Notre expérience sur la vigne répond à ces desiderata.

Nous lisons dans le *Cosmos* du 7 novembre 1881, sous le titre : *L'électricité en agriculture*, un article signé C. Crépeaux et publié aussi en partie par le Journal officiel du 4 novembre à 1891.

« *L'électricité en agriculture.*— M. Naudin a exposé devant la Société d'agriculture les résultats d'une expérience conduite à Antibes cet été, et destinée à étudier l'influence de l'électricité sur la croissance des végétaux.

« Dans deux grands pots de jardin, remplis de terre identique et tous deux de même dimension, on a placé trois grains de maïs. L'un des pots a été relié au paratonnerre ; l'autre a été placé à quelque distance, les conditions de chaleur se trouvant, d'ailleurs, identiques. Les soins et l'arrosage des deux pots ont été les mêmes. La vie et croissance du maïs, développement des tiges et floraison, tout s'est effectué sans différence aucune entre les deux pots.

M. Naudin croit pouvoir conclure de cette

expérience à l'absence de tout effet de l'électricité sur la croissance des végétaux.

« L'expérience ne nous paraît pas suffisante pour établir une certitude quelconque ; le pot, relié au paratonnerre n'a reçu d'électricité que par intermittence, et peut-être dans des conditions qui auraient pu être mortelles pour tout être organisé. Il peut se faire encore qu'il n'ait rien reçu du tout.

« À ce point de vue, les résultat d'une autre expérience, faite par M. Garolla, professeur départemental d'agriculture d'Eure-et-Loir, pourraient présenter plus de certitude.

« Il a installé dans son jardin, en plein air, cinq cloches à douilles en verre supportées, grâce à leurs rebords, par une table en chêne, percée d'autant d'ouvertures circulaires. La première cloche a été remplie de terre de limon des plateaux, après avoir reçu un drainage de cailloux. Deux autres, après avoir reçu un drainage de gravier, furent munies d'une lame de zinc et d'une lame de cuivre réunies par un réophore ; puis on les remplit de la même terre de limon. Les deux dernières, après avoir été préparées comme celles-ci, furent mises en communication, l'une avec deux éléments Leclanché, l'autre avec un seul. À différentes reprises, M. Garolla a constaté que, dans les cloches garnies de lames zinc-cuivre réunies par un fil isolé, il passait un courant suffisant pour être sensible à la langue. Le courant était plus intense dans les cloches munies de piles. Le 4 juin, il a été semé dans chaque cloche deux pois nains. La levée a commencé le 11 juin, et la floraison le 27 juillet. Le 30 août, la récolte a eu lieu. Rien, pendant le cours de la végétation, n'a permis de différencier la cloche témoin des cloches avec lames de cuivre et de zinc, ou des cloches garnies de piles Leclanché. « Les récoltes ayant été desséchées, les rendements suivants ont été obtenus par plante moyenne :

	Pour une plante entière		
	Grain gr.	Paille gr.	Total gr.
Avec piles Leclanché.	7,40	5,10	12,50
Élément, zinc, terre, cuivre	6,40	5,00	11,40
Témoin	7,25	5,25	12,50

« L'influence de l'électricité dynamique, appliquée au limon quaternaire, a donc été nulle dans la culture des pois. Il faut ajouter que cette expérience négative ne semble pas suffisante à M. Garolla pour infirmer d'une manière générale ce qui a été avancé au sujet de l'influence de l'électricité sur la végétation. »

Le défaut de cette expérience, faite à l'aide du paratonnerre, provient de l'isolement du terrain dans les cloches ; on le verra dans la théorie de notre appareil.

MM. Rivoire père et fils, marchands grainiers à

Lyon, publient aussi dans le *Bulletin de l'Union du Sud-est des syndicats agricoles*, l'article suivant, sous le titre : *La culture par l'électricité.*

« La presse agricole, aussi bien d'ailleurs que la presse politique, s'est heaucoup occupée, depuis quelque temps, des expériences tentées par MM. Fetchner et Spechnen.

« Après beaucoup d'autres, ces savants se sont occupés de rechercher le rôle exact que joue l'électricité dans la végétation et le récit de leurs essais a paru dans tous les journaux.

« Les résultats ont, paraît-il, été excellents.

« M. Fetchner ayant électrisé une plate-bande de son jardin, et ayant cultivé dans cette plate-bande, et comparativement avec une autre non électrisée, un certain nombre de légumes, trouva, en faveur des légumes provenant de la plate-bande électrisée, une augmentation de poids variant de 15 à 27 pour cent.

« M. Spechnen électrisa des semences et il constata que cette opération doublait la rapidité de la germination.

« Ayant ensuite électrisé des légumes en pleine culture, ce savant obtint des résultats étonnants. Un radis, par exemple, atteignit 14 centimètres de diamètre et 44 centimètres de tour. Une carotte arriva à 27 centimètres de diamètre et pesa près de 3 kilos.

« Notre but, aujourd'hui, n'est ni de nier, ni

d'expliquer des résultats semblables, bien que les derniers nous paraissent un peu forcés ; nous voulons tout simplement revendiquer pour Lyon le mérite d'avoir commencé ces recherches, alors que les nombreux articles publiés depuis quelque temps feraient croire que l'idée première appartient aux Anglais et aux Russes.

« Nous ne voulons pas parler des expériences que nous tentâmes jadis nous-mêmes et qui, publiées dans un organe horticole, nous valurent l'approbation de plusieurs savants. Nous estimons que les résultats obtenus ne furent pas assez accentués pour être concluants. »

Dans toutes ces expériences, on constate des résultats douteux ; il n'y a pas une conclusion sûre, sans réplique, comme dans les expériences que nous allons citer. Là, c'était l'électricité dynamique qui agissait. Or, en général, cette électricité désorganise les corps organiques, tandis que l'électricité statique semble être un élément de leur nature, et, sauf le cas particulier de la foudre, l'état de saturation, même obtenu par toutes les machines d'électricité statique, n'a produit aucune désorganisation dans les végétaux.

Dans les cas cités, où l'électricité atmosphérique a été employée, le procédé n'a pas été heureux, et c'est la seule cause de la non réussite. Nous le démontrerons tout à l'heure. Depuis longtemps déjà, on a cherché à utiliser l'électricité, même l'électricité atmosphérique, à la production végétale.

Dès la découverte des machines électriques à plateau, on voit l'abbé Nollet électriser des plates-bandes plantées de salades ; on appelait cette opération l'arrosage électrique.

Ce procédé, d'un effet douteux, était surtout d'une application peu protique, mais la constatation de l'influence de l'électricité sur la végétation fit faire cette réflexion.

Si l'électricité est vraiment utile à la végétation, la Providence a dû mettre à la portée de l'homme cette force nécessaire ; il lui reste à la découvrir.

On l'a trouvée en effet. La machine électrique est formée de la terre, et des corps qui l'entourent, soit gaz, soit corps célestes.

Comment l'électricité atmosphérique se produit-elle ? Nous n'avons pas à nous en occuper ici, mais nous constaterons que le travail de tendance à l'équilibre entre l'influence tellurique et l'influence sidérale, ou simplement l'électricité atmosphérique, produit un état électrique très favorable à la végétation.

L'abbé Bertholon a placé les premiers paratonnerres vus à Lyon. L'église de Saint-Just, le dôme de l'hôpital, le château de la Ferrandière furent ainsi préservés de la foudre par ses soins.

Il n'est pas étonnant que ce physicien, éminent pour son époque, ait eu l'idée d'employer les effets du paratonnerre à la végétation, au moyen de son électro-végétomètre, que nous décrirons plus loin.

Veut-on constater *de visu* les courants différents qui parcourent la tige d'un paratonnerre, on peut opérer de la manière suivante :

Prenons une perche de 10 m environ ; plaçons à son sommet un balai de cuivre, dont les 5 ou 6 brins ont une longueur de 0,50 m ; ces brins se relient à un fort fil de cuivre isolé de la perche contre laquelle il sera fixé ; le fil aboutira dans un vase de verre blanc à large ouverture contenant de 3 à 4 litres d'eau distillée, et placé au bas de la perche, de préférence au coté sud ; le fil est attaché à une lame d'argent de 0,10 m de longueur sur 0,04 m de largeur, plongeant aux trois quarts dans l'eau.

La lame doit être passée au feu et parfaitement décapée avant l'expérience ; l'eau du vase est acidulée avec l'acide acétique ou alcalisée avec du cyanure de potassium.

L'appareil ainsi disposé, et par un temps sec et serein, soustraira par influence l'électricité atmosphérique et l'accumulera dans le vase.

On sait que le professeur Ruchenback, de Saint-Pétersbourg, fut tué instantanément, en faisant une expérience de ce genre. Pour éviter tout accident, on place, dans le même vase indiqué, une seconde plaque d'argent suspendue à une tige de fer qui va se perdre dans un sol humide.

Cette seconde plaque est placée à 0,05 m ou

0,06 m de la première. Si on observe l'appareil ainsi organisé, on constatera que l'électricité de même nature que celle de l'atmosphère est repoussée et descend par la tige dans le vase ; mais là, rencontrant une interruption, elle s'accumule sur la plaque d'argent pour vaincre la résistance de l'eau. Au bout de peu de temps, la résistance est vaincue, et le fluide se rend sur l'autre plaque, en décrivant une courbe concave très prononcée, et en se faisant suivre d'une traînée blanchâtre de molécules d'argent, révélatrice de son passage.

En peu de temps, la seconde plaque est augmentée visiblement par le métal transporté.

Parfois, c'est l'électricité terrestre qui se rend vers l'atmosphère, et le courant révélateur change alors de direction.

Des plaques d'or, de cuivre ou de plomb produisent un effet semblable, mais moins visible à l'œil, à cause de la couleur laiteuse de l'argent transporté. Ce courant entraîneur fut mis encore en évidence par une expérience de M. le docteur Frestier qui, voulant vérifier l'influence de l'électricité sur le vin, prit plusieurs bouteilles des meilleurs crûs : hermitage, etc., et amena le fil d'un petit paratonnerre sur ces bouteilles ; un fil d'argent traversait la cire et le bouchon de chacune. Au bout de peu de jours, le résultat fut concluant, mais peu agréable. Le courant électrique avait transporté dans le vin, et le goudron et l'argent ; le vin était imbuvable, étant saturé de sels d'argent et de goudron.

Ces phénomènes, aujourd'hui très connus, constituent la galvanoplastie ; mais on se sert, ainsi que le nom l'indique, de courants galvaniques, et non de l'électricité statique.

M. Beckeinstener a donné à ces genres de paratonnerres le nom de géomagnétifère : de $\gamma\eta$ terre ; $\mu\alpha\gamma\nu\acute{\eta}\tau\eta\varsigma$, aimant ; et $\varphi\acute{\epsilon}\rho\omega$, je porte (qui porte l'électricité à la terre).

Ce nom de géomagnétifère n'est plus l'exacte reproduction du phénomène électrique ici en action, du moins tel que la science d'aujourd'hui nous le démontre. Nous lui conservons cependant ce nom, en mémoire de son auteur.

Nous aurions pu reprendre le nom d'Électrovégétomètre, donné par l'abbé Bertholon à son appareil ; mais il ne reproduit pas non plus toutes les idées que nous voudrions lui voir exprimer.

M. Beckeinstener a placé des appareils dans une propriété située au milieu d'un bois de haute futaie, et sur un sol à pente rapide, à base granitique, et recouvert à peine d'un mètre de terre. Les parties supérieures cultivées en vigne et luzernières, les inférieures en vergers et jardins. Malgré le peu d'espoir de succès qu'offrait un pareil terrain, ainsi dominé de tous côtés par des soustracteurs naturels de l'électricité, l'expérience dura trois années, et les résultats furent très significatifs.

« Des expériences, dans des prés et des champs de luzerne, m'ont démontré, dit M. Beckeinstener, que la récolte pouvait être doublée par ce procédé : la végétation est plus hâtive, et la sécheresse se fait moins sentir... Vers le milieu du mois d'août 1848, un appareil d'attraction, placé dans un pré nouvellement semé, a produit tout autour de lui une végétation remarquable en hauteur et en épaisseur. On a pu faucher fin septembre, et l'herbe a continué de pousser jusqu'aux gelées de novembre. Le même pré donna une coupe en mai 1849, une autre fin juillet, et une troisième coupe de regain fin septembre, tandis qu'un pré placé hors de l'action de l'appareil n'a donné qu'une coupe de foin en juin. »

Comment de pareils résultats n'ont-ils pas poussé à poursuivre ces expériences ?

M. Beckeinstener fils nous disait dernièrement que les géomagnétifères furent abandonnés pour plusieurs raisons : d'abord par suite des occupations trop nombreuses de l'auteur, puis par suite aussi des craintes superstitieuses que l'on rencontrait chez les voisins du champ d'expérience. Par les temps d'orage, des aigrettes lumineuses apparaissaient au sommet de la tige, et la science peu développée des spectateurs de ce phénomène redoutait des catastrophes imaginaires.

Mais voici d'autres expériences. Trois semaines

avant les vendanges, M. le docteur Frestier plaça une perche élevée sur un arbre isolé au milieu de l'une de ses vignes. Un fil de fer, terminé à la partie supérieure par une espèce de balai métallique, descendait le long de la perche et se ramifiait, en rayonnant dans le sol, autour de l'arbre.

Dans un rayon de 25 mètres, les raisins devinrent plus beaux que partout ailleurs, et ils arrivèrent à maturité avant leurs voisins.

Ce résultat m'a été déclaré impossible par plusieurs viticulteurs ; leur opposition m'a convaincu que cette expérience, dont je suis sûr, a une cause inconnue des vignerons, et je l'attribue naturellement à l'influence de l'appareil.

Trois pieds de vigne furent arrachés et plantés au pied d'une cheminée d'usine, munie d'un paratonnerre ; trois fils métalliques, rattachés à la chaîne du paratonnerre, furent dirigés sur chaque racine des ceps ; ces trois pieds ont repris leurs feuilles et sont devenus superbes : ils ont donné des raisins tous les trois, dès la première année de transplantation.

Enfin au mois d'avril 1891, nous placions nous-même deux géomagnétifères hauts de 8 mètres hors terre, dans le champ de pommes de terre déjà indiqué.

Le fil qui descendait de la perche formait un cercle de 50 mètres de diamètre ; tous les 5 mètres environ, des fils reliés au cercle formaient des fragments de rayons concentriques, dont les extrémités étaient libres et se terminaient à 2 mètres environ les uns des autres.

Tous ces fils avaient été enterrés à environ 0,35 m en donnant deux passages de charrue, au grand détriment des pommes de terre rencontrées.

Pendant quelques semaines, on ne remarqua rien de particulier dans ce champ.

Dans le milieu de mai nous avons visité le champ sans y trouver aucun effet particulier.

M. Bouchet, à qui nous exprimions notre étonnement de ce résultat négatif, nous dit que nous manquions d'expérience pour examiner les champs ; il avait bien raison. Les endroits où se terminent les fils, nous dit-il, sont parfaitement reconnaissables : les tiges y sont plus hautes et d'un vert plus sombre.

Quelques semaines après, les résultats de l'expérience devenaient absolument évidents.

Le Journal de Montbrison, dans son numéro du 5 juillet, *La Loire Républicaine* et *Le Stéphanois* invitaient le public à se rendre avec nous, le mardi 7 juillet, sur le champ d'expérience.

La feuille montbrisonnaise du 12 juillet rendait ainsi compte de la visite faite en groupe au champ de M. Bouchet.

« Mardi, malgré une pluie continuelle, qui rendait peu attrayante la perspective d'une promenade dans des terres détrempées, un groupe assez nombreux, composé d'agriculteurs, de négociants, de simples curieux, s'était réuni à la ferme de M. Bouchet, de Merlieu, lauréat dans tous les concours d'agriculture de la région.

« Le frère Paulin, directeur de l'école communale de Montbrison, devait faire la démonstration pratique de théories scientifiques, dont il est le fervent adepte et le propagateur, relativement à l'influence de l'électricité sur la végétation, sur le parti que les agriculteurs peuvent tirer de l'électricité atmosphérique, un agent de fertilisation qui ne coûte rien, pour augmenter considérablement le rendement des terres, des prairies et des vignes.

« Avant d'entrer dans aucun détail sur l'installation des appareils, M. Bouchet, qui s'est montré assez ami du progrès pour prêter tout son concours au F. Paulin dans des expériences au succès desquelles il croyait peu en commençant, invite les visiteurs à se rendre sur le champ d'expérience et à constater les résultats acquis. Cette constatation est facile à faire. Le champ ensemencé en pommes de terre est bordé par la route. Les sillons viennent aboutir à angle aigu au grand chemin et permettent ainsi à l'œil du passant de parcourir successivement tous leurs intervalles. Le regard est arrêté bientôt par une irrégularité sensible dans la végétation du champ. Dans un cercle, limité exactement par la place occupée dans le sol par les fils conducteurs de l'électricité atmosphérique, les plantes de pommes de terre ont une vigueur double de celle des plantes occupant le reste de la terre. Et cela sans une lacune, sans un vide, sans un point faible dans ce groupe de tiges superbes circonscrit nettement, comme par un trait de compas.

« Il reste acquis que l'influence de l'électricité a procuré à la végétation des plantes une vigueur qui ne saurait être attribuée à aucune autre cause. Lors de la récolte des tubercules, la comparaison entre le poids de la récolte de la partie influencée et celui d'une portion voisine de même étendue nous édifiera complètement sur les avantages à retirer de l'appareil préconisé, perfectionné et simplifié par le F. Paulin.

« Le F. Paulin disait, lorsque les visiteurs le félicitaient du premier et encourageant résultat obtenu à Merlieu, qu'il serait heureux d'expérimenter son appareil sur les vignes : dans des vignes en pleine valeur, pour rechercher si l'effet de l'électricité serait, comme il le croit, de donner au raisin un plus grand développement et de hâter la maturité ; dans une vigne malade, pour constater si les éléments de fertilisation, apportés ou rendus assimilables par les courants électriques, suffiraient à provoquer une réaction favorable. Le F. Paulin prêtera son concours aux viticulteurs qui s'adresseront à lui, avec d'autant plus de plaisir qu'en leur rendant service, il trouvera l'occasion de se livrer à des études expérimentales dont l'intérêt vient de s'accroître par un premier succès. »

Dès cette époque, un grand point interrogatif nous était perpétuellement présenté :

« Vous avez des tiges superbes, c'est vrai, mais vous n'aurez que de l'herbe, et point de tubercules. » Malgré ces prédictions, nous attendions avec confiance les résultats pratiques d'une théorie qui devait nous donner tiges et fruits ; cependant, il faut avouer qu'à cette époque, il y avait peu de chose au pied de nos fanes. Il est vrai d'ajouter que le terrain avait bien souffert de la sécheresse ; une pluie, qui survint fort à propos, changea la face des choses, et donna à la terre un élément que l'électricité ne pouvait suppléer.

Quelques semaines plus tard, nos collègues des écoles laïques de Montbrison et de Savigneux nous annonçaient eux-mêmes qu'ayant voulu constater *de visu* le résultat de l'expérience, ils avaient arraché une tige de pommes de terre, et qu'ils avaient trouvé des tubercules énormes, et excellents, ajoutaient-ils : nous l'avons expérimenté.

Le 27 septembre avait lieu le comice agricole de Bellegarde. Invité par la Société d'agriculture de Montbrison à prendre part à cette exposition de produits agricoles, nous avons présenté des tubercules cueillis dans le champ influencé, et accompagnés de leurs tiges ; celles-ci mesuraient 1,47 m. *Le Journal de Montbrison* rendant compte de ce concours disait, le 4 octobre :

« Dans la cour est placé un modèle réduit de l'appareil électro-végétal du frère Paulin, directeur des écoles communales congréganistes de Montbrison. Nos lecteurs savent quelle est la marche des expériences, entreprises par le frère Paulin à l'aide de l'appareil, dont il est le vulgarisateur, sur l'influence de l'électricité dans la végétation.

« À côté de l'appareil sont déposés quelques échantillons des pommes de terre récoltées par M. Bouchet dans le champ d'expérience de Merlieu. La Société d'agriculture avait chargé une commission de visiter ce champ d'expérience et de constater les résultats.

« Voici le rapport de cette commission :

« Les soussignés, convoqués au nom de la Société d'agriculture de Montbrison pour examiner les résultats des expériences de l'influence de l'électricité sur la végétation commencées au point de vue de la grande culture, sous la direction et d'après le système du frère Paulin, directeur des écoles communales de Montbrison, par M. Bouchet, de Merlieu, ont fait les constatations suivantes :

« Dans un champ de pommes de terre, joignant la grande route de Montbrison à Montrond, un géomagnétifère de 8,50 de hauteur a fait sentir son influence sur une superficie de 20 mètres de rayon. Dans cette partie de la terre, les tiges de pommes de terre, d'un volume et d'une végétation extraordinaires, ont conservé jusqu'à ce jour une verdeur qui contraste sensiblement avec les portions voisines. Ces tiges ont été mesurées, elles atteignent jusqu'à 1,47 m de hauteur et 0,02 m de diamètre.

« Après cette première constatation de la végétation extérieure, les membres de la commission ont désigné sur cette portion du champ influencée deux quadrilatères de 16 mètres chacun de superficie ; puis, dans le reste de la terre, deux carrés de même contenance. Ces quatre carrés ont été désignés, sans choix spécial d'un endroit dénotant une végétation plus forte, mais répondant à la moyenne, soit de la partie influencée du champ, soit de l'autre partie.

« Les plantes ont été arrachées et les tubercules pesés sous les yeux de la commission. Les résultats ont été les suivants :

« Les 32 mètres de superficie de la portion influencée ont fourni 90 kilos de tubercules.

« Les 32 mètres de superficie de la portion non influencée ont fourni 61 kilos.

« Les sillons de plantation des pommes de terre étaient à la même distance dans les quatre carrés, et le nombre des plantes était égal.

« Merlieu près Montbrison, le 23 septembre 1891. Chauve, Lafond, Rondel, A. Brassart.

« La production par hectare serait donc de 28 000 kilos pour la partie influencée contre 18 700 pour la partie non soumise au courant électrique. Cette production obtenue sans fumure spéciale, avec une variété peu renommée pour son rendement, la pomme de terre violette ordinaire, égale les récoltes de culture intensive à l'aide des engrais chimiques les mieux appropriés.

« M. le préfet, mis au courant de ces travaux par M. Reymond, sénateur, prie le frère Paulin de lui donner l'explication théorique du phénomène... »

Dans la liste des récompenses on lit : « Utilisation et application de l'électricité atmosphérique en vue d'accroître le rendement des cultures.

« Frère Paulin, directeur de l'école communale congréganiste de Montbrison, médaille de vermeil G. M. »

Parlant des différents discours prononcés à la distribution publique des récompenses, l'organe montbrisonnais ajoute : « Sur l'invitation du président, le frère Paulin donne des explications sur les théories et les expériences concernant l'influence de l'électricité sur la végétation. Il se met à la disposition de tous les agriculteurs qui voudraient obtenir des renseignements spéciaux ou installer des appareils dans leurs champs. Le F. Paulin termine en appliquant, au concours dévoué de tous pour la prospérité mutuelle, la devise : Liberté, Égalité, Fraternité. Sur ces excellentes paroles, M. le préfet déclare la séance levée. »

Dans le même journal du 11 octobre on lit :

« M. Reymond, sénateur, voulant se rendre compte *de visu* du résultat de l'expérience du F. Paulin est allé, lundi dernier, sur le champ de M. Bouchet.

« Devant lui et en présence de plusieurs autres visiteurs, il a fait arracher 60 pieds de pommes de terre dans la partie influencée, puis 60 pieds dans la partie non influencée.

« Voici les résultats qu'il a constatés :

« Les 60 pieds non influencés ont donné 35 kg de pommes de terre, soit en moyenne 0,633 kg par pied.

« Les 60 pieds influencés ont fourni 63,1 kg ou 1,052 kg par pied ; la différence par pied est de 0,419 kg.

« Le plus gros tubercule influencé pesait 545 g.

« Le plus gros tubercule non influencé pesait 340 g.

« Il est à remarquer que l'espèce plantée ne devient pas très grosse : c'est la violette ordinaire.

« Le cercle influencé, et surtout les points de contact des rayons de fil de fer avec leur cercle, présentaient des tiges de 1,50 m encore très vertes, au milieu du champ entièrement flétri.

« À noter encore : les tubercules non influencés sont mûrs ; les influencés ne le sont pas, la croissance continue ; la peau n'est encore qu'une pellicule, et presque tous les tubercules présentent des excroissances que l'on ne trouve pas dans les pommes de terre non influencées, dont la surface est unie généralement.

« En résumé, la différence de poids obtenue dans les deux parties de cette même terre, en ne considérant que les résultats constatés dans le procès-verbal, cité plus haut, donnerait une différence de 9 300 kg, qui, à 4 fr. les 100 kg, produirait une plus-value nette de 372 fr. par hectare.

« En basant notre calcul sur les différences constatées par M. le sénateur Reymond, la différence serait, par hectare, de 412,50 fr.

Ces chiffres ont leur éloquence ; aussi ont-ils eu pour effet de convaincre bien des incrédules de l'utilité de l'électricité dans la végétation ; mais aussi, ils ont soulevé bien des objections.

On nous a dit, timidement d'abord, puis ouvertement :

« Les résultats sont incontestables, mais la partie que vous dites influencée a été préalablement et spécialement fumée, ou arrosée de purin, depuis la pose de l'appareil. » On a même ajouté qu'un domestique de M. Bouchet a affirmé cela.

Ces observations sont peu sérieuses pour ceux qui ont vu le champ.

En effet, comment M. Bouchet aurait-il pu fumer spécialement le terrain, alors qu'il ne savait où nous allions faire l'expérience, ni dans quelles dimensions, ni même en quoi consistait l'essai ? Du reste, si un endroit du champ était bien fumé, c'était évidemment celui où le fumier avait été déposé en tas, pendant assez longtemps ; ce rectangle devait être saturé de purin entraîné par la pluie ; or ce coin du champ ne présentait aucun des caractères de la partie influencée, et les tubercules n'y étaient ni plus gros, ni plus nombreux que dans la généralité du champ.

Reste l'idée d'avoir répandu ensuite du purin ou de la colombine dans le cercle dit influencé.

Ceux qui ont visité le terrain dans le mois d'octobre ont pu voir ce que M. Reymond constatait le 5 de ce mois. Tout le champ était flétri, la partie influencée seule était verte ; les tubercules influencés n'étaient pas mûrs, les non influencés l'étaient complètement.

On ne peut soutenir qu'une fumure spéciale aurait produit ces résultats ; l'effet eût été contraire : les tubercules les plus fumés auraient mûri plus vite évidemment, et leurs fanes eussent été flétries.

Le 25 octobre nous invitions, par la voie du journal, à venir assister à la récolte du champ. Le 27 tous les tubercules étaient arrachés, le champ présentait la même différence qu'à l'époque de sa belle végétation. Le cercle influencé se détachait parfaitement par la grosseur de ses fruits et leur nombre ; à vue d'œil, la récolte était doublée.

M. Dubois, adjoint au maire de Bellegarde, M. Mivière, professeur à Montbrison, et nombre d'autres personnes constataient ce résultat. Nous voulions faire peser séparément la récolte du cercle influencé et celle d'un même cercle non influencé, mais les nombreux larcins commis au nom de la science, et les espaces arrachés déjà pour les constatations officielles, rendaient impossible cette opération.

L'objection la plus sérieuse qui nous était faite était celle-ci : *Vous appauvrissez le terrain et vous le rendez rapidement improductif.*

D'après les théories que nous admettons pour expliquer l'action de l'appareil, nous étions persuadé du contraire ; mais, pour répondre avec assurance, il nous fallait des preuves sans réplique ; nous croyons les posséder aujourd'hui, et les voici : Nous avons porté au laboratoire municipal de Saint-Étienne des tubercules influencés, pesant jusqu'à 560 grammes, et un petit sac de la terre qui entourait ces fruits. Nous avons agi de même pour la partie non influencée.

Voici l'analyse officielle fournie par le laboratoire municipal :

LABORATOIRE MUNICIPAL DE SAINT-ÉTIENNE

Analyse des terres

	Terre non influencée		Terre influencée	
Humidité	1,992	0/0	1,820	0/0
Fer et alumine	3,150	0/0	3,540	0/0
Chaux	0,520	0/0	0,260	0/0
Potasse (k. 20)	0,227	0/0	0,237	0/0
Acide phosphorique	0,177	0/0	0,159	0/0
Azote ammoniacal	0,0031	0/0	0,0059	0/0
Azote (méthode Kjeldahl)	0,070	0/0	0,065	0/0
% soluble dans l'eau acidulée	7	0/0	7	0/0

Analyse des pommes de terre

	Tubercule non influencé	Tubercule influencé
Eau	78,6 %	76,2 %
Cendres (% sur le résidu à 100)	5,010 %	5,30 %
Azote	1,082 %	1,060 %
Amidon	15,34 %	17,8 %

En résumé, il est facile de constater que le terrain qui a produit plus est sensiblement le même que celui qui a produit moins ; s'il y a une différence, elle est en faveur du terrain influencé, et cela ne nous étonne nullement ; nous en verrons l'explication dans l'étude de la théorie du géomagnétifère.

Quant aux tubercules, leur composition chimique est en faveur des influencés, l'amidon étant l'élément surtout recherché dans ces produits[1].

La difficulté de nous procurer de longues perches pendant le rigoureux hiver de 1890-1891 nous avait empêché de placer des appareils sur la vigne ; les longues perches restaient dans leurs bois couverts de neige, et il était impossible de les en descendre. Alors qu'il fut possible d'avoir les poteaux, la vigne était en pleine végétation et on craignait de lui porter préjudice en parcourant les lignes de ceps, et en y faisant des fossés pour placer les fils du géomagnétifère. Et cependant, depuis de longs mois, M. Thiollier, conseiller

---

1. 15 mars 1892. Nous avions livré ce travail à l'impression lorsque ce jour nous avons fait une constatation qui intéressera nos lecteurs : les pommes de terre de Merlieu avaient toutes été placées dans des silos que l'on vient de découvrir. Les tubercules influencés sont en parfait état de conservation tandis que les non électrisés présentent environ un cinquième de leurs fruits gâtés.

Cette conservation s'explique par l'analyse ci-dessus, les pommes de terre influencées contenant plus de fécule et moins d'eau que les non influencées.

général de Saint-Héand (Loire), MM. Méjasson et Dussert, de Montbrison, et plusieurs autres personnes attendaient des appareils.

Au mois d'août, comme alors la vigne est moins délicate qu'au printemps, et que l'on peut travailler dans les intervalles sans danger, nous avons voulu, malgré la saison avancée, tenter un essai sur un vignoble.

L'article suivant, publié le 25 octobre dans *Le Journal de Montbrison*, nous redira ce qui fut fait : « De l'influence de l'électricité sur la vigne. Au mois d'août dernier, lorsque l'influence du géomagnétifère sur la végétation des pommes de terre eut été constatée à Merlieu, le frère Paulin témoigna le désir, les lecteurs du Journal de Montbrison s'en souviennent, d'expérimenter, dès cette année, cet appareil sur les vignes. M. le vicomte de Meaux lui offrit, comme champ d'expérience, une vigne plantée à Écotay, à plus de 600 mètres d'altitude. Cette vigne, établie sur fils de fer, était d'une végétation superbe.

« La perche du géomagnétifère, haute de 14 mètres, fut plantée dans cette vigne ; son action n'a été répandue que sur un cercle de 10 mètres de rayon, à titre d'essai ; pour ne pas couper les racines, les fils furent placés à 0,10 m seulement de profondeur.

« À cette époque, les raisins étant formés, aucune action n'était à attendre avant le changement de couleur.

« Le dimanche 11 octobre, le F. Paulin visita le champ d'expérience avec M. le vicomte de Meaux, M. Bouchet, maire de Savigneux, M. Vendémont, M. Palmier, de Montbrison et M. Salomon, vigneron du clos. Ces messieurs constatèrent que la partie influencée était plus mûre que les voisines.

« Le F. Paulin pria le vigneron de faire descendre les fils au milieu des racines à 0,40 m ou 0,50 m de profondeur, dans le quart du cercle ; cette opération fut faite le mardi, 13.

« Dimanche, 18 octobre, un groupe de viticulteurs invités par le F. Paulin se rendaient à Écotay pour constater le résultat de l'expérience. Voici le procès-verbal de leur visite :

« Nous, soussignés, réunis à Écotay, avons constaté ce qui suit :

« Le géomagnétifère, placé par le frère Paulin en août dernier dans une vigne de la propriété de M. le vicomte de Meaux, a produit les résultats suivants :

« La maturité du raisin est plus avancée et est bien plus régulière dans le cercle influencé que partout ailleurs.

« L'influence se révèle dans un cercle limité exactement par le fil placé en terre à 0,10 m de profondeur, dans les trois quarts du cercle, et à 0,50 m dans le quatrième quart.

« À 1 mètre en dehors du cercle, l'influence ne se fait plus sentir.

« Le quart dont les fils sont à 0,50 m depuis huit jours seulement, nous assure-t-on, est encore plus mûr que les trois autres quarts.

« Des raisins ont été cueillis par nous, séance tenante, dans les deux parties de la vigne, en les choisissant très mûrs ; le jus, exprimé et apprécié au pèse-moût et à l'alcoomètre, a donné les résultats ci-dessous :

$$
\text{Moût influencé.....} \begin{cases} \text{sucre } 16° \ 2/5 \\ \text{alcool } 10° \ 4/5 \end{cases}
$$

$$
\text{Moût non influencé} \begin{cases} \text{sucre } 14° \\ \text{alcool } 9° \ 1/5 \end{cases}
$$

« Fait à Écotay, ce 18 octobre 1891.
Signé : P. CHAUVE, pharmacien à Montbrison ;
J. RONY, maire de Périgueux ; VERNET, maire de Verrières ; BLANC, conseiller municipal à Verrières ; MOREL, conseiller municipal à Montbrison ; A. CHAUVE, conseiller municipal à Montbrison ; ESCAILLE, directeur d'assurances à Montbrison ; BALEYDIER, père ; VIAL ; GIRON ; BAYLE, propriétaires à Montbrison.

« Cette vigne doit être vendangée lundi 26 ; le raisin de la partie influencée cuvera à part. L'effet de l'électricité sur les ceps peut donc être encore constaté aujourd'hui par tous ceux qui se rendront sur les lieux. Cet essai, fait si tardivement, est un encouragement. Le F. Paulin estime qu'il serait avantageux de placer dès à présent les appareils dans les vignes.

« Il se tient à la disposition de tous ceux qui pourraient avoir besoin de ses renseignements ou de son concours. »

Le vin produit dans la partie influencée a donné exactement 7,8° d'alcool ; les analyses faites à Montbrison et à Saint-Étienne sont identiques. C'est un résultat extraordinaire pour nos pays.

Quant à la comparaison entre le vin de la partie influencée et celui des autres parties, les conditions dans lesquelles s'est faite l'expérience ne nous donnent pas assez d'assurance d'intégrité pour que nous les indiquions ; nous préférons attendre des expériences postérieures.

Nous avons exposé bien longuement notre travail personnel en cette affaire, mais nous avons tenu à n'omettre, autant que possible, aucun détail pouvant aider à la recherche de la vérité dans cette question si importante par ses conséquences.

III.

THÉORIE DU GÉOMAGNÉTIFÈRE

Nous sommes loin d'avoir la prétention de parler ici *ex-professa* ; nous ne pouvons qu'exposer timidement les idées que nous avons entendu émettre sur cette question ; nous donnerons notre manière de voir, basée sur l'observation attentive de nos expériences de laboratoire, puis sur l'expérience publique, en grande culture, dont nous avons la primeur, et nous laisserons les savants discuter le pourquoi et le comment.

Nos idées sur cette théorie sont en harmonie avec celles acceptées par un grand nombre d'observateurs ; elles diffèrent, en quelque points, des explications de plusieurs. Que l'on observe, que l'on discute, la lumière complète en jaillira ; mais surtout que l'on ne néglige pas la pratique, sous prétexte que la théorie n'est pas complète.

Les stériles discussions parviennent difficilement à convaincre ; devant les faits, on se rend.

Et d'abord, il est incontestable que, par un temps d'orage, la végétation croît à vue d'œil. Qui n'a pas observé ce phénomène pendant une nuit orageuse, aussi bien que pendant le jour ?

Que se passe-t-il alors ? Les fluides électriques accumulés d'une part dans l'atmosphère, de l'autre dans la terre, donnent naissance à des effluves qui produisent l'ozone ; puis, la tension devenant plus forte, les conduits naturels, les arbres, les végétaux, laissent échapper l'électricité terrestre ; mais ces conducteurs manquant souvent, ou n'étant pas assez nombreux, l'équilibre se rétablit brusquement par des coups de foudre qui produisent sur leur passage les effets que l'on connaît.

N'est-ce pas au passage de ces courants intenses que l'on doit cette végétation si rapide ?

Les pampres de la vigne, après une nuit d'orage, montrent leurs nouvelles pousses encore blanches, n'ayant pu être influencées par la lumière solaire.

Ce qui se passe ici en grand, en temps d'orage, ne se passe-t-il pas aussi dans le géomagnétifère, non pas avec cette intensité d'un moment, mais bien avec une continuité qui assure des effets bien plus productifs ?

En effet, un courant électrique parcourt incontestablement les fils du géomagnétifère, tantôt dans un sens, tantôt .dans un autre ; ceci est prouvé par l'expérience citée plus haut (page 33).

Ce courant est-il semblable à celui qui parcourt un fil provenant d'une pile quelconque ? Nous ne le croyons pas. Il doit être, à notre avis, de même nature que celui qui suit un fil communiquant avec une machine électrique ; l'un est de nature dynamique ; celui-ci serait de nature statique.

Nous n'entrerons pas dans la discussion des théories nouvelles, qui tendent à prouver que ces deux électricités ne diffèrent que par leur intensité.

Lorsqu'un être animé, un homme ou un animal, est en communication avec une machine électrique, celle de Ramsden par exemple, les effets sont les suivants :

Il ne ressent rien, tant qu'il est en communication avec l'instrument ; mais, si vous approchez du sujet électrisé un corps brut ou organisé, la tension électrique se manifeste par des picotements dans la partie du corps qui est excitée : les cheveux, la barbe se dressent, et une étincelle jaillit entre le patient et le corps présenté.

Cette étincelle peut produire des effets physiques, chimiques et physiologiques ; l'étude de ces phénomènes appartient à la physique et sort de notre sujet.

Rappelons cependant l'expérience du carreau et de la bouteille étincelants : on place ici de petits corps bons conducteurs, séparés par des corps non conducteurs : une étincelle qui jaillit dans le premier intervalle se répète dans tous, sans perdre son intensité. Elle ne disparaît qu'en rencontrant un bon conducteur non interrompu.

Les phénomènes bien connus que nous venons de retracer ne sont-ils pas exactement l'image de ce qui se passe dans le géomagnétifère ?

Les nuages saturés d'électricité positive ou négative, passant dans la sphère d'action du géomagnétifère, décomposent son électricité.

L'électricité de nom contraire à celle de l'atmosphère s'échappe par la pointe, et l'autre est refoulée dans l'instrument.

Ainsi l'équilibre électrique tend à se rétablir entre les sources sidérales et telluriques ; mais, comme cet équilibre ne peut être atteint, l'action a lieu perpétuellement. L'expérience montre que ce phénomène a lieu même par un ciel très pur.

L'électricité suit les conducteurs, et, dans leur parcours, mais surtout à leur extrémité, le fluide s'accumule, s'il est entouré de mauvais conducteurs, ce qui a généralement lieu dans le terrain sec. Il s'accumule, disons-nous, jusqu'à ce que sa tension, qui agit par influence, décompose l'électricité placée dans le voisinage. Il y a donc, comme dans le carreau étincelant, décomposition du fluide ou étincelle, ou au moins des effets de décomposition moléculaire.

Si le terrain est humide, le fluide se répand plus facilement hors des fils ; mais le même phénomène d'électrisation par influence a lieu sur chaque molécule du terrain, lorsque cette molécule est mauvaise conductrice.

Ces divers phénomènes produisent un état électrique dans le terrain. Or les effets de cet état, tels que la chaleur, les affinités chimiques développées, etc., sont tous des agents qui aident à la décomposition des terrains, et par conséquent préparent aux plantes les sucs nutritifs qu'elles viendront y puiser.

L'état électrique que nous croyons voir dans le terrain se trouve bien plus actif dans la plante elle-même.

M. Beckeinstener employait l'électricité statique pour guérir bien des infirmités par le transport des métaux dans l'organisme malade.

M. le docteur Frestier, avec un très grand succès, se sert de l'électricité pour ramener un état normal et sain dans bien des sujets.

Est-ce que ce courant continu d'électricité statique ne développe pas la vie végétative dans la plante ?

La plante n'a-t-elle pas un grand appétit sous cette heureuse influence, et alors, rencontrant une nourriture bien préparée dans le sol électrisé, elle est pleine de vigueur, à côté de ses sœurs qui végètent faute de cette action qui leur redonnerait la vie ?

Il nous est arrivé souvent d'émettre ces idées devant des médecins, et nous leur disions : lorsque vous avez un phtisique, le guéririez-vous, si vous parveniez à lui redonner l'appétit et une digestion facile ? Évidemment, nous a-t-on répondu.

Éh bien !, c'est ce qui a.lieu pour les végétaux soumis à l'action de notre appareil, tandis que nous voyons les plantes voisines végéter, comme un être anémique et mal nourri, à côté d'un grenier d'abondance où elles n'ont pas la force de puiser. On essaye par mille moyens, très ingénieux, de leur préparer une nourriture toute prête à être digérée ; elles semblent reprendre un appétit factice, puis elles dépérissent en semblant dire : ce n'est pas cela qu'il nous faut ! C'est la vie qui nous manque, et non la nourriture !

Nos pommes de terre, nos vignes sont dévorées par mille insectes parasites, dont elles n'ont plus la force de se défendre.

C'est ce qui se passe dans la vie animale : les êtres faibles sont plus disposés que les autres à recueillir les microbes de la plupart des épidémies.

Les vignes américaines résistent encore au phylloxera, et cependant elles en sont couvertes, mais leur constitution est assez forte pour résister à ce terrible insecte. À leur tour, il est probable, elles subiront cette dégénérescence dans nos pays déboisés, si l'on ne facilite pas dans la culture l'échange ou courant électrique, que l'observation nous fait regarder comme nécessaire.

L'eau et l'air sont les éléments de la vie végétative ; l'électricité en est le grand moteur circulatoire et nutritif.

L'abbé Bertholon disait déjà : « Serait-ce trop oser de prétendre que l'électricité de l'atmosphère, répandue dans l'air, est autant nécessaire à la vie des plantes, que l'air lui-même ? »

Nous venons de parler de l'eau et de l'air. Essayons de dire quelques mots de ces deux éléments, considérés à notre point de vue électrique.

Depuis longtemps déjà, on entend dire : « Les saisons ne se font plus ! » Tantôt ce sont les sécheresses, tantôt ce sont les pluies sans fin. On cherche de divers côtés la cause de ces désordres atmosphériques, mais du moins on est d'accord sur un point, c'est qu'il faut reboiser les hauteurs.

Les vents intenses, sur les hauteurs, sont dépouillés de l'humidité par le tamisage des feuilles ; l'eau est rendue lentement au sol par ses infiltrations d'où naissent les ruisseaux intarissables ; aujourd'hui, les bois ont disparu ; l'eau s'infiltre trop rapidement ; elle est rendue de même. Nous avons des torrents dévastateurs suivis de la sécheresse, au lieu de ruisseaux fécondants et utilisables.

Mais les arbres n'avaient-ils que l'utilité hygrométrique ? N'étaient-ils pas des tiges favorisant l'échange électrique entre l'atmosphère et la terre, et par là des agents nécessaires pour la production végétative en même temps que des agents favorisant les courants ?

Nos orages destructeurs ne proviennent-ils pas, en partie du moins, du manque de *déchargeurs* électriques ?

La pauvre production végétale et viticole particulièrement, les nombreux insectes qui s'attachent si facilement aux feuilles et aux racines, etc. : tous ces phénomènes dévastateurs, étudiés et combattus avec si peu de résultat, n'ont-ils pas pour cause, l'absence de ces *pointes* qui favoriseraient la production des courants électriques dont nous avons étudié l'influence ?

Il nous semble qu'il en est ainsi. On veut planter, la vigne s'élève sur nos montagnes, aucun arbre n'est laissé, et on enlève les moyens d'échange électrique entre la terre et le ciel.

Le rôle de l'air dans la respiration de la plante, l'absorption et la décomposition de l'acide carbonique, tous ces phénomènes de nutrition par les feuilles sont très connus. Ce qui l'est un peu moins peut-être, c'est la force, je dirai mécanique, développée pour opérer ce phénomène.

M. le docteur Frestier a été l'heureux témoin d'une expérience qu'avait imaginée M. Merget, professeur de physique à la faculté des sciences de Lyon. L'éminent professeur, ayant coupé une feuille de nénuphar, introduisit le pétiole dans une éprouvette remplie d'eau ; sous l'action du soleil, qui donnait sur la feuille, peu à peu l'éprouvette se remplit d'air ; ce gaz était entré dans la feuille par ses stomates et il était arrivé par le pétiole qui servait de canal, jusque dans l'éprouvette. À l'ombre, ou pendant la nuit, le phénomène n'a pas lieu.

M. Merget estimait, avec démonstration théorique, que la force employée ainsi pour absorber l'air par les feuilles et le conduire aux racines, pouvait être égale à plusieurs atmosphères pour un arbre de grande dimension.

Partant de cette expérience M. le docteur Frestier en déduit « l'entrée de l'air dans les plantes, au moyen du courant électrique sidéral, comme dans un siphon d'un nouveau genre, ou à la manière de l'injecteur Giffard, ou encore à l'instar du téléphone, qui emporte au loin les sons, lesquels resteraient, sans l'électricité, sur le lieu même où ils sont émis ».

L'abbé Bertholon cite de nombreuses expériences prouvant que les feuilles, l'écorce laissent pénétrer l'air, et en contiennent beaucoup (page 125).

Parlant de la force d'aspiration de l'eau par les plantes, cet auteur l'estime (page 122) à « une colonne d'eau de 7 pieds de hauteur ». De cette mesure, il apprécie, par comparaison, la force développée pour l'introduction de l'air.

Nous nous permettrons encore cette comparaison : les ouvertures ou stomates des feuilles s'ouvrent et se referment, comme l'âme d'autant de petits soufflets, en aspirant l'air. L'électricité, par son action sur la plante, précipite cette action, qui se répète alors plus rapidement, et avec plus d'intensité, que lorsque ce fluide est à l'état de repos.

Les expérimentateurs russes concluent aussi que « la décharge lente de l'électricité statique facilite aux plantes l'assimilation de l'azote de l'air ». Ces diverses théories expliqueraient l'absorption, non seulement de l'azote, mais de l'air, et son arrivée dans la terre ; dès lors, il est facile d'en voir les immenses conséquences.

Les divers éléments dont se compose l'air, rencontrant un sol humide, trouvent dans l'eau et le terrain toutes les substances qui leur sont utiles pour former les sels nécessaires à la végétation.

La conséquence très importante est que l'air et l'eau, presque seuls, servent d'engrais ; il n'y a plus à s'étonner que l'analyse du laboratoire de Saint-Étienne nous ait prouvé que nos tiges extraordinaires, et nos fruits en rapport n'avaient pas appauvri le terrain. C'est là la réponse à la fameuse objection qui nous a été tant de fois répétée : « Vous épuisez le terrain ».

Il nous semble avoir établi, jusqu'à preuve du contraire, que bien loin d'épuiser un terrain, l'électricité actionnée par le géomagnétifère l'enrichit.

À fumure égale avec un autre champ de même composition, nous doublerons la récolte, et le terrain sera plus enrichi qu'appauvri.

Nos expériences de 1891, cependant si concluantes, ne peuvent encore suffire à connaître tous les effets de l'électricité atmosphérique ; 1892 nous révèlera certainement des phénomènes plus nombreux, par le grand nombre d'appareils qui se placent, dans diverses régions de la France et sur des cultures très différentes.

ARROSAGE ÉLECTRIQUE

Nous voulons dire ici quelques mots d'un mode emploi de l'électricité imaginé par les anciens électriciens.

Ce procédé, peu pratique, est seulement un souvenir curieux. Il est remarquable que plusieurs expérimentateurs modernes, en voulant faire du nouveau, ont simplement répété des expériences datant d'un siècle.

En relisant ces expériences, on peut se convaincre de ce que nous venons de remarquer.

L'abbé Nollet parle déjà de l'arrosage électrique. L'abbé Bertholon (page 406) explique le procédé, que nous résumons.

Un jardinier est placé, avec son arrosoir plein d'eau, sur un tabouret isolé et roulant. Une chaîne métallique suspendue à un bouton de l'habit de l'ouvrier est en communication avec une machine électrique en mouvement. L'auteur explique que l'eau ainsi électrisée avant d'atteindre la terre emporte avec elle des principes fécondants. Il a obtenu ainsi, dit-il, des salades d'une grosseur extraordinaire.

Pour arroser les feuilles des arbres, le jardinier se sert d'une forte seringue au lieu de l'arrosoir.

Une planche, en taille douce, jointe à l'ouvrage de l'abbé Bertholon, représente le jardinier fonctionnant avec les deux instruments.

Nous reconnaissons aujourd'hui que l'eau de pluie est plus fécondante que n'importe quelle eau d'arrosage ; l'électricité recueillie dans l'air, par la pluie, lui donne ce principe actif.

L'abbé Bertholon a consacré vingt pages au développement de cette idée (p. 75 à 97).

En retrouvant toutes nos idées modernes dans nos prédécesseurs, nous ne pouvons nous empêcher de dire, nous aussi : il n'y a rien de nouveau sous le soleil.

ÉLECTRO-VÉGÉTOMÈTRE DE BERTHOLON

L'arrosage électrique dont nous venons de parler a conduit l'abbé Bertholon à l'idée de son *électro-végétomètre*.

Il a substitué l'atmosphère à la machine électrique. Son appareil se composait sommairement d'une perche surmontée d'un manchon de verre. Dans le manchon de verre était soudée, à la laque, une tige de cuivre verticale terminée par un balai, dont les branches étaient aussi des fils de cuivre.

Une chaîne métallique descendait de la tige de cuivre, et venait se fixer sur une tige horizontale aussi en cuivre. Cette tige, isolée de l'arbre par un manchon de verre, pouvait cependant se mouvoir autour de la perche, grâce à un anneau qui entourait librement le poteau, et retenait l'appareil dans son rayon. La tige horizontale était divisée en deux parties superposées et glissant à volonté dans un raccord métallique. Cette disposition permettait d'allonger l'appareil à volonté. Un ou plusieurs supports, avec isolateurs de verre, soutenaient la tige.

La tige se terminait par un second balai de cuivre, dont les pointes étaient tournées vers la terre, sans cependant la toucher.

On voit par la description de l'appareil qu'il était relativement facile de promener le balai arroseur sur tout le terrain. Voilà l'électro-végétomètre. Il est facile d'en voir l'application et de juger de ses effets. L'abbé Bertholon lui-même parle timidement des résultats obtenus.

L'appareil, isolé de la terre, ne pouvait produire qu'une petite quantité d'électricité par influence.

M. Beckeinstener semble avoir pris cette idée de l'abbé Bertholon, mais il a très ingénieusement descendu la chaîne métallique jusque dans la terre. Les effets électriques ont été bien plus puissants.

IV.

DESCRIPTION DU GÉOMAGNÉTIFÈRE

Le géomagnétifère, tel que nous l'avons simplifié et expérimenté, se compose d'une perche portant à son sommet une tige métallique terminée par un balai de cuivre. Un fil de fer, partant de la tige, descend le long de la perche et se ramifie dans le sol.

Entrons dans le détail de l'appareil, qui se compose de sept parties principales :

1° Une perche,

2° Une tige surmontant la perche,

3° Un têt de porcelaine isolant la tige,

4° Un balai de cuivre,

5° Un fil descendant le long de la perche,

6° Des isoloirs spéciaux isolant le fil,

7° Des fils sillonnant le terrain.

1. Une perche. Cette perche doit être choisie, très élevée, de 12 à 20 mètres. Son action se produit sur un rayon double de sa hauteur. De plus, il est de toute nécessité qu'elle domine les sommets placés dans sa sphère d'action ; on a donc tout intérêt à la choisir aussi haute que possible.

Une perche plus basse produira ses effets dans des terres bien découvertes. Nnotre perche de Merlieu n'avait que 8,50 m hors de terre ; elle a parfaitement actionné le terrain dans un rayon de 17 à 18 mètres. Une seconde perche de même hauteur que la première, placée sur le même cercle, à 15 mètres d'une ligne d'arbres plus hauts qu'elle, n'a produit aucun effet.

Le pin ou le sapin sont les essences d'arbres préférables, vu leur force de résistance ; le peuplier pourrait encore servir, mais l'aune n'a pas assez de rigidité.

La grosseur est insignifiante : il suffit comme minimum d'avoir 0,06 m de diamètre au sommet.

La perche, écorcée, pourrait être brûlée, puis goudronnée, au moins dans la partie destinée à être enterrée ; la partie hors de terre durera bien autant que l'autre. On peut, si on veut, peindre ou goudronner la perche.

Le mieux serait de l'imprégner d'une substance antiputrescible, mais, vu les dimensions de la perche, ceci est peu pratique.

Pour élever une longue perche, mince, et portant un appareil relativement lourd et fragile à son sommet, il y a des précautions à prendre.

Nous avons réussi, sans trop de peine, en nous aidant de trois cordes qui tiraient devant et des deux côtés, tandis que l'on soulevait la perche, sans secousses, avec des échelles tenues à bout de bras ; une planche verticale assurait le glissement du pied dans la fosse.

Pour une perche de 15 mètres, un trou de 1,25 m à 1,50 m de profondeur est suffisant ; quelques pierres amassées au pied, et la terre ensuite tassée assurent la fixité de la perche. On n'opère pas autrement pour les mâts de cocagne dressés à l'occasion des fêtes foraines.

On peut aussi dresser la perche à l'aide d'une chèvre de charpentier.

On me dit : « Il faut attacher la perche, y mettre des haubans, sinon le vent la cassera ». On n'observe pas assez que la perche isolée, sans branches, ne donne que très peu de prise aux vents ; il n'y a rien à craindre de ce côté.

Que coûte une perche ? Dans nos pays du Forez, une perche en pin de 15 à 20 mètres et de 0,06 à 0,25 m de diamètres extrêmes coûte de 4 à 6 fr., prise an bois, à raison de 20 fr. le mètre cube.

2. La tige surmontant la perche est en fer galvanisé de 0,011 m de diamètre et de 0,70 m de longueur ; elle est soudée au soufre dans le têt spécial, fixé lui-même au sommet de la perche par une fourche métallique, dont les branches ont leur origine soudée aussi au soufre dans l'isoloir.

3. Le têt de porcelaine est d'un modèle spécial, que nous avons fait confectionner.

Ses dimensions et sa forme lui permettent de porter solidement la tige et son balai, et de fixer le tout au haut de la perche, qu'elle garantit aussi de l'eau du ciel.

4. Le balai de cuivre est formé de 5 brins de cuivre rouge n° 20 ou de 0,004 m de diamètre et de 0,50 m de longueur ; ces fils sont vissés au sommet de la tige de fer.

Le cuivre pur, ou cuivre rouge, est un des métaux les moins oxydables et les moins fusibles ; c'est ce qui le fait préférer. On pourrait faire dorer ou nickeler les 5 fils à leur extrémité, mais ce serait un surcroît de dépenses, dont l'utilité n'est pas bien démontrée. Nous faisons des études comparées sur des tiges de différents métaux.

5. Le fil qui descend de la perche est un fil de fer galvanisé, n° 20, de 0,004 m de diamètre environ ; il faut au moins cette grosseur, que l'on peut augmenter, si l'on veut.

Les courants, par un jour d'orage ou un coup de foudre, ce qui est peu probable, mais cependant à prévoir, exigent un fil assez fort pour conduire le fluide sans solution de continuité produite par la fonte du fil. Or, on sait que des fils de sonnettes sont volatilisés par la foudre ; il est donc nécessaire d'employer au moins le n° 20.

Nous faisons des essais avec des fils de différents métaux[2].

6. Des isoloirs de porcelaine séparant le fil conducteur de la perche. Nous avons imaginé un modèle spécial pour cet usage. On répète les isoloirs environ tous les 2 mètres ; ils sont fixés le long de la perche par une seule vis qui laisse le petit appareil un peu libre; il a ainsi moins de chances de rupture.

Le fil est préalablement passé dans les isoloirs que l'on fixe ensuite sur la perche.

On m'a dit : Pourquoi isoler le fil de la perche ? Voici ma réponse : si le fil touche la perche, qui est un mauvais conducteur, une grande partie de la tension électrique sera employée à décomposer l'électricité de la perche ; or, vu sa surface, c'est une quantité considérable d'électricité perdue.

C'est pour ce motif que les arbres ne produisent pas, autour d'eux, l'effet d'un géomagnétifère.

Jusqu'à ce que les nouvelles expériences que nous entreprenons à ce sujet nous aient convaincu de l'inutilité de notre précaution, nous continuerons d'employer ce procédé.

---

2. Nous essayons cette année de placer plusieurs fils le long d'une perche. Dans la même pièce de terre se trouvent plusieurs autres appareils : nous aurons des termes de comparaison.

7. Les fils sillonnant le terrain. Le fil n° 20, qui descend de la perche, doit être continué avec le même numéro pour le conducteur principal (voir la gravure).

Pour les fils secondaires, on peut employer des n° 13, 14 ou 15, toujours galvanisés.

Il est très important d'assurer le contact des fils secondaires avec le conducteur principal.

Le fil le plus mince doit s'enrouler plusieurs fois autour du plus fort, et l'extrémité du petit fil doit être fortement serrée contre le plus gros.

Quelques gouttes de soudure ajoutées ensuite seraient un complément parfait pour assurer le contact ; nous n'avons cependant pas employé ce dernier moyen.

Les fils doivent être enterrés à des profondeurs variant avec la culture.

L'appareil doit fonctionner indéfiniment, ou au moins tant que les fils et la perche ne seront pas usés par le temps et l'oxydation.

Il est important que les fils se trouvent placés dans le chevelu des racines ; il faut donc, autant que possible, prévoir la rotation des diverses cultures que l'on se propose de mettre dans le terrain, et placer ses fils de manière qu'ils ne soient pas une gêne pour le travail des années suivantes.

Pour des prés, il suffirait de les placer à 0,15 m de profondeur.

Pour les autres cultures, on pourrait donner deux

coups de charrue et placer le fil dans le fossé ainsi produit ; c'est ce que nous avons fait pour les pommes de terre.

Pour la vigne, il faut placer les fils à 0,40 m de profondeur au moins[3].

SPHÈRE D'ACTION DES FILS

Des observations personnelles bien précises nous permettent d'affirmer que l'action électrique se répand à 1 mètre de chaque côté, comme à l'extrémité des fils.

Dans les terres et les prés, il faut donc placer des conducteurs tous les 2 mètres.

Dans les vignes, on enterre un fil près de chaque rang de ceps, s'ils sont plantés à 2 mètres comme dans certaines contrées, ou tous les deux rangs, si les intervalles sont de 1 mètre.

Si la vigne est irrégulièrement plantée, on peut placer les fils de manière que les ceps se trouvent à droite ou à gauche à 1 mètre du fil, distance maximum.

---

3. On peut placer les fils dans un pré, un jardin ou une autre terre déjà en culture, sans compromettre la récolte. Pour cela, on pratique une fendue à l'aide d'une bêche tenue verticalement, et enfoncée successivement dans le sens voulu. On fait descendre le fil dans cette fente à l'aide d'une simple planchette amincie et terminée par une rainure qui place le fil au fond de la fente.
Il faut, dans ce cas, lier préalablement le fil secondaire au fil principal.

La direction droite des fils n'est nullement nécessaire. De petites pointes pourraient aussi être ajoutées le long des fils pour augmenter les points d'échappement de l'électricité.

FORME DU RÉSEAU INFLUENCÉ

La forme circulaire que nous avons employée et que préconisait M. Beckeinstener ne nous semble nullement nécessaire.

Les terrains ont généralement la forme d'un rectangle. On place la perche au centre du terrain ; le conducteur principal qui descend de la perche s'étend dans le sens de la largeur du terrain, et de ce fil partent, à droite et à gauche, tous les 2 mètres, les fils secondaires, dans le sens de la longueur.

L'expérience nous a montré qu'un seul appareil suffit pour produire l'action.

Si l'étendue du terrain le comporte, on pose plusieurs appareils. On peut relier les conducteurs principaux entre eux.

En supposant des perches de 12,50 m hors de terre, ce qui est une hauteur facile à obtenir, chaque appareil couvrirait un carré de 50 mètres de côté ; il faudrait ainsi quatre géomagnétifères par hectare, au maximum.

PRÉCAUTIONS CONTRE LA GELÉE

Puisque nous avons constaté une maturité avancée, on pourrait craindre que sur la vigne, la végétation, influencée au printemps, ne nous donne des produits trop précoces et exposés à la gelée.

Il est facile d'arrêter l'influence de l'appareil en interrompant le courant : il suffit de rompre le fil conducteur le long de la perche, mais il faut éviter les accidents de la foudre. On pourrait enfoncer, jusqu'au sol humide, à 1 ou 2 mètres, selon les terrains, une barre de fer à laquelle on réunirait le fil descendant. En temps ordinaire, il ne faudrait pas laisser le fil en contact avec cette tige profonde, qui disperserait l'électricité plus bas que le sol cultivé.

COÛT DE L'APPAREIL

Le géomagnétifère, tout simple qu'il est, offre des difficultés pratiques pour un particulier qui veut en fabriquer un lui-même. Afin d'éviter cet obstacle à la vulgarisation de l'appareil, nous avons fait confectionner, en nombre, les diverses pièces dont il se compose, et nous pouvons expédier franco le géomagnétifère au prix de vingt francs.

Le géomagnétifère expédié se compose de la tige fixée dans son appareil de porcelaine ; de 5 tiges de cuivre nickelées et de 7 isoloirs pour les fils. Il reste à se procurer les fils et la perche.

La perche, nous l'avons dit, peut coûter de 3 à 8 fr., selon les régions. Mettons une moyenne de 5 fr. Nous supposons une perche de 12,50 m hors de terre, influençant un carré de 50 mètres de côté.

Le fil n° 20, qui descend de la perche et forme le conducteur principal, a 65 mètres de longueur maximum ; ces 65 mètres valent 2,30 fr.

Il faut 1 300 mètres de fil n° 13 pour les 26 conducteurs secondaires de 50 mètres chacun de longueur ; ce fil vaut 1 fr. les 100 mètres, donc 13 fr. pour les 1 300 mètres.

La main d'œuvre, par appareil, vaut 10 fr.

Appareil	20 fr.
Perche	5
Fils	15
Main d'œuvre	10

Total 50 fr. par appareil.

Un hectare demande quatre appareils, soit une dépense de 200 fr.

Nous avons prouvé que l'excédent de récolte en pommes de terre est de 400 fr. par hectare ; la dépense est donc couverte deux fois dès la première année.

Le procédé russe coûte 800 fr. par hectare. Si nos occupations nous laissaient le temps de placer nous-même des appareils, nous proposerions volontiers ce marché. Nous dirions aux propriétaires : laissez-nous placer, à nos frais, des appareils dans une partie de vos terres, la moitié, par exemple.

Nous vous demandons seulement, pour tout paiement, la plus-value de la récolte comparée à la partie voisine, et vous resterez possesseur et usufruitier du géomagnétifère pour les années suivantes.

Ce que nous ne pouvons accomplir nous-même, d'autres pourraient le réaliser.

VULGARISATION DU GÉOMAGNÉTIFÈRE

Il ne sera pas sans intérêt de savoir où se font des essais du géomagnétifère cette année.

Nous avons envoyé, jusqu'à ce jour, des appareils à Arles, (Bouches-du-Rhône), à Nîmes (Gard), au Puy (Haute-Loire), à Clermont (Puy-de-Dôme), à Beauvais (Oise), à Orchies (Nord), à Latour-Dompierre, Sept-Fonts (Allier), et dans la Loire : à Saint-Étienne, Bellegarde, Noirétable, Saint-Bonnet-le-Château, Saint-Chamond, Écotay, Merlieu, Saint-Thomas-la-Garde ; environ vingt-cinq appareils se placent à Montbrison ou dans les environs.

Enfin, dans notre petit jardin, nous avons placé un géomagnétifère de 17 m hors de terre, mais nous avons à craindre que le voisinage d'un clocher et d'un dôme annulent l'influence de l'appareil.

L'instrument servira toujours de type à consulter, soit comme construction, soit pour la disposition des fils que nous avons placés, de substances différentes, et à des profondeurs variées.

Nous faisons un essai pour utiliser les paratonnerres dans la culture.

Dans l'un de nos établissements muni de quatre paratonnerres, un fil, relié à l'une des conduites, sera dirigé dans une vigne où il servira de conducteur principal, des fils secondaires seront répandus comme ceux du géomagnétifère[4].

DIVERS EFFETS PRODUITS PAR LE GÉOMAGNÉTIFÈRE

Nous dirons quelques mots des effets différents que l'on peut attendre du géomagnétifère ; d'abord sur les diverses cultures, puis comme *paragrêle*.

---

4. Nous prions tous les expérimentateurs du géomagnétifère de vouloir bien nous communiquer les résultats, quels qu'ils soient, de leurs expériences de cette année. Nous publierons une nouvelle édition faisant connaître les divers effets produits sur des cultures et des terrains très variés. L'appareil étant placé dans presque toutes les régions, nous verrons ce que l'on en peut attendre, comme aussi les modifications à y apporter.

1. Sur les près, luzernes ou fourrages quelconques. Il n'y a pas de doute, pour nous et pour ceux qui ont vu notre champ de pommes de terre, que les fourrages deviendront, comme nos tiges, extrêmement hauts, et cela rapidement, de sorte que l'on peut espérer un plus grand nombre de coupes, et de meilleure qualité, dans la partie électrisée, que dans la voisine.

2. Sur la vigne. Nous avons constaté cette année dernière une maturité plus avancée dans la partie influencée ; on se souvient que l'appareil placé au mois d'août ne pouvait augmenter le nombre des raisins ; le moût accusait 2° 2/5 de sucre de plus que celui des raisins non influencés.
D'après les théories développées ci-devant, nous pouvons donc espérer voir nos vignes *résister aux insectes*, donner *une plus grande quantité de raisins* ; obtenir un vin *plus alcoolisé* ; et avoir une *maturité plus avancée*, ce qui est précieux pour les vignes haut placées, qui ont souvent à redouter la gelée précoce.

3. Sur l'alcool. L'électricité agit d'une manière remarquable sur la formation de l'alcool ; voici un résultat obtenu par M. le docteur Frestier :
Sept hectolitres de vin rouge avaient été laissés sans soins dans une cave ; le vin devint huileux, fileux ; il était tourné et imbuvable. M. Frestier mit

dans ce vin un liquide préparé par une opération d'électricité statique ; après cinq semaines de digestion, le vin fut distillé et produisit 185 litres d'alcool à 85°, ce qui donne 157,25 litres d'alcool absolu à 100° ou 22° 46 par hectolitre, titre que le vin n'accusait certainement pas avant l'opération électrique.

Nous conservons le secret de cette opération, qui serait si précieuse pour les distillateurs de profession, mais nous serions prêts, M. Frestier et nous, à poursuivre cette opération avec des collaborateurs.

4. Pour les betteraves à sucre. La maturité avancée est un effet très avantageux, ainsi que la production saccharine augmentée ; inutile de développer ici les immenses avantages que la culture de la betterave peut trouver dans ce système, surtout dans le nord de la France, où la fabrication du sucre pourrait commencer un mois plus tôt.

5. Pour toute production végétale, car, partout, ce sont les mêmes éléments qui sont en action : le résultat doit être le même.

LE GÉOMAGNÉTIFÈRE PARAGRÊLE

L'abbé Bertholon écrit dans son traité de *L'électricité des météores* (tome II, page 204) :

« Il est évident que des appareils semblables à ceux des paratonnerres serviront à protéger nos campagnes contre ce fléau dévastateur, ou au moins à en diminuer le danger et les ravages. »

Plus loin (page 205), il ajoute : « Les appareils propres à préserver nos campagnes de la grêle ne consistent donc qu'en de grandes barres de fer pointues par leur sommet, élevées perpendiculairement à l'horizon, et distribuées de distance en distance autour des lieux qui sont plus sujets à être dévastés par la grêle ».

« On peut nommer ces appareils des *paragrêles*. »

M. Beckeinstener a aussi entrevu cet effet du géomagnétifère. De nos jours, plusieurs savants ont eu la même idée.

On lit dans *La Petite Revue*, sous ce titre :

Plus de grêle ni d'orage. « Afin de diminuer la tension électrique des nuées et d'éviter la formation de la grêle et des orages, M. Vaussenat, directeur de l'observatoire du Pic du Midi, a imaginé de disposer, sur le haut des crêtes d'une petite contrée des environs de Tarbes, où les orages étaient particulièrement fréquents, un grand nombre de mâts enroulés de courbes conductrices.

« L'expérience a réussi ; ces multiples paratonnerres

d'un nouveau genre soutirent aux nuages la majeure partie de leur électricité et empêchent ainsi toutes dangereuses déflagrations. »

Un autre directeur d'observatoire a, croyons-nous, placé aussi des poteaux entourés de paille dont les brins étaient, à dessein, laissés longs et écartés de la perche, afin de multiplier les pointes qui faciliteraient l'échappement de l'électricité.

On a pu lire naguère, dans *Le Journal du ciel*, un article sur la protection électrique offerte par les lignes de chemin de fer et leurs poteaux télégraphiques.

L'Avenir des campagnes aussi a un peu effleuré la question.

Nous avons promis de prouver toutes nos assertions par des faits ; nous présentons celui-ci à la méditation des sceptiques.

Dans le village de Varenne, commune de Saint-Sixte, canton de Boën, arrondissement de Montbrison (Loire), les vieillards vous diront que dans leur jeune temps personne n'avait jamais vu de la grêle dans le pays ; et cependant un vent, d'un courant très fort, parcourt souvent la vallée.

Vers 1825, on arracha complètement un bois d'environ 300 chênes de très haute futaie couvrant un mamelon, qui lui-même dominait le pays ; depuis, des orages de grêle se forment sur la contrée, suivent la vallée ouverte devant eux et ravagent tout.

Pourquoi ce changêment ? À notre humble avis, parce que ce point élevé, couvert de pointes relativement bonnes conductrices, surtout par les temps humides, servait de véhicule pour rendre à l'atmosphère l'électricité accumulée vers ce sommet, comme sur tous les points élevés ; les arbres enlevés, l'électricité terrestre ne peut s'écouler facilement ; elle s'accumule sur ce mont en décomposant par influence celle des nuages et, lorsque la tension devient trop forte, il arrive des conflagrations épouvantables, causes d'orages et de formation d'une grêle dévastatrice.

Des observations nombreuses permettent aujourd'hui de constater dans quels points, à peu près précis, se forment les orages pour chaque région.

Que l'on essaye de couvrir ces sommets de géomagnétifères, à raison de quatre par hectare, l'écoulement de l'électricité en sera rendu facile, et les orages seront ainsi évités.

Ces appareils remplaceront avantageusement les arbres qui ne sont bons conducteurs qu'étant humides, tandis que notre appareil, essentiellement bon conducteur et sillonnant tout le terrain, aura un effet assuré. Au comice de Bellegarde, nous avons insisté sur ce point devant les autorités départementales. Ces messieurs ont paru frappés de la justesse de nos observations, et M. Reymond, sénateur, nous dit même qu'il en saisirait le Conseil général de la Loire, pour obtenir des fonds qui permettraient des essais en grand sur une région tristement réputée par ses orages de grêle.

Les essais de M. Vaussenat, comme ceux de plusieurs autres expérimentateurs de paragrêle, ont un grave défaut. On s'est borné à des pointes, plus ou moins isolées les unes des autres, sans grande action productive ni préservatrice, tandis que notre appareil, tel que nous l'avons décrit, avec son réseau souterrain, aura une action très puissante comme paragrêle, tout en étant un précieux élément de production.

Certains vignobles, certaines contrées sont plus que d'autres sujets à ce désastre ; les compagnies d'assurances contre la grêle, aujourd'hui ruinées, ne peuvent et ne veulent plus garantir ces localités. Avec notre appareil, la sécurité reviendrait, et les compagnies qui entreprendraient de le placer en grand, retrouveraient la confiance et la fortune.

On nous a dit aussi quelquefois : « Mais vous allez attirer la foudre », et même *on craignait un accident* (on me l'a dit sérieusement), en passant près de mon appareil de Merlieu.

Et ceux qui me disaient cela passaient paisiblement à côté d'arbres plus élevés que le géomagnétifère, et placés bien plus au bord de la route ; ces arbres, mauvais conducteurs, étaient un danger réel par les solutions de continuité qu'ils présentaient à l'écoulement de l'électricité, soit atmosphérique, soit terrestre, tandis que l'appareil était un véritable paratonnerre, sujet, il est vrai, aux mêmes accidents que les autres appareils de son espèce, à savoir les solutions de continuité dans le fil, etc. ; mais quelle différence entre l'arbre et le géomagnétifère !

Évidemment, nous ne proposerions pas de placer un géomagnétifère sur un édifice, en guise de paratonnerre ; si cet appareil est de la famille des paratonnerres, sa construction est trop simple pour assurer un écoulement sûr de la charge électrique qui peut se trouver sur une habitation ; mais, dans une terre, avec ses ramifications souterraines, et surtout lorsque plusieurs appareils couvrent une grande surface, cet instrument est certainement une assurance contre les accidents de la foudre.

V.

CONCLUSION

Le géomagnétifère est-il vraiment pratique ? Cette idée se répandra-t-elle ? Ira-t-elle loin ?

Pratique, oui : nous croyons l'avoir prouvé. Le grand obstacle à notre idée, c'est la routine ; chacun continue comme il a fait la veille ; il faut longtemps pour vaincre la routine.

On commence déjà cependant à ne plus se moquer, on cesse de rire, c'est un grand pas, chez nous.

Il est plaisant de se rappeler, de nos jours, qu'il fut un temps où l'on riait en apercevant un parapluie ! Notre idée se répandra et elle ira loin ; nous l'espérons pour l'honneur de notre pays, qui aura montré l'exemple aux autres ; mais il faut se hâter.

En France, nous acceptons volontiers les principes ; trop souvent, nous laissons la pratique et ses bénéfices.

Combien d'inventions françaises ont vu leur résultat se produire à l'étranger ! Du moins, je réclame cet honneur d'avoir, le premier, prouvé, par des expériences publiques, et avoir fait constater officiellement, les immenses résultats d'une découverte bien française.

À ceux qui se demandent si cette idée ira loin, je rappellerai qu'un grand homme avait prédit que le chemin de fer irait tout au plus jusqu'à Versailles ; trente ans plus tard, ce même incrédule était transporté, par la vapeur, dans toutes les capitales de l'Europe.

C'était là une heureuse ironie que lui avait réservé l'avenir.

Lorsque la routine est enfin vaincue, on se porte avec la *furia* française vers les nouvelles idées ; c'est ce qui arrivera, nous en sommes convaincu, et nos incrédules ou nos routiniers d'aujourd'hui seront instruits par l'aspect de vastes régions couvertes de géomagnétifères, les forçant d'avouer que cette découverte est allée plus loin, et plus vite, qu'ils ne s'y attendaient.

Pour nous, si nous avons pu rendre service à notre pays en développant l'agriculture, cette source inépuisable de richesse trop abandonnée par nos concitoyens pour le séjour de la ville ;

Si, en étudiant et en vulgarisant une loi providentielle de la nature, nous avons pu aider à grandir la fortune publique;

Si nous avons pu, en un mot, faire un peu de bien autour de nous, nous nous sentirons payé, et, nous tournant vers Dieu, auteur de tout bien, nous dirons : *Laus tibi Domine*.

Frère PAULIN, des Écoles chrétiennes,
directeur de l'école publique congréganiste
de Montbrison.

Montbrison, le 29 février 1892.